中公新書 2368

飯倉 章著

第一次世界大戦史

諷刺画とともに見る指導者たち

中央公論新社刊

まえがき

ヨーロッパの人々の大多数は、第一次世界大戦が始まった一九一四年を、戦争の予感に満ちた不安な年として迎えたわけではない。ナポレオンがワーテルローの戦いで敗れてから九九年、幾度か戦争はあったものの、ヨーロッパ全体を巻き込むような大戦争は生じず、多くの国が平和と繁栄を享受していた。しかし、この一〇〇年でヨーロッパの勢力図は様変わりしており、その間に大戦争の芽は成長していた。

大きな変化の一つは、軍事的にも経済的にも強いドイツ帝国の出現と発展である。一八七〇年七月、スペインの王位継承問題がこじれてフランスがプロイセンに宣戦を布告する。この普仏戦争（独仏戦争）が始まった時、ドイツはまだ統一すらされていなかった。しかし、モルトケ参謀総長が指揮するプロイセン軍は、当時ヨーロッパ随一と見なされていたフランス軍を他のドイツ諸邦とともに打ち破る。プロイセン首相ビスマルクは、同盟に基づき参戦した他の諸邦とねばり強く交渉し、この戦争をプロイセンが中心となってドイツを統一する機会とする。

一八七一年一月、ヴェルサイユ宮殿の鏡の間でプロイセン国王がドイツ皇帝として即位し、ここにドイツ帝国（二二の君主国と三つの自由都市から成る連邦国家）が誕生した。独仏は五月に講和し、フランスはアルザス＝ロレーヌ地方をドイツに割譲した。同地の奪回はフランスの悲願となり、独仏間の火種の一つとなる。

ビスマルクはフランスの復讐《ふくしゅう》を警戒し、孤立させる対外政策を取った。しかし、一八八八年、第三代ドイツ皇帝《カイザー》にヴィルヘルム二世（カイザーは皇帝の称号だが、本書ではヴィルヘルム二世を指して用いる）が即位するとほどなく罷免され、彼の築き上げた国際体制は崩れてゆく。ただ、ドイツの国力は順調に増大し、第一次世界大戦前にはイギリスと並ぶ大国に成長していた。

ドイツと強いつながりを持っていたのが、オーストリア＝ハンガリー帝国である。第一次世界大戦が始まった時の皇帝は、一八四八年に一八歳の若さで即位し、その後六八年の治世を担うフランツ・ヨーゼフ一世であった。

彼は即位の時から、帝国内の革命運動や諸民族の独立や自治を求める動きに苦慮し続ける。国内にドイツ系のみならずハンガリー人などの多民族を抱えるオーストリア帝国は、一八六七年にハンガリー王冠領を設け、その地の統治はハンガリー政府が行うかたちにした。こうして、この古くからハプスブルク家が支配する帝国は、二つの政府を持つ二重帝国（皇帝がハンガリー国王を兼ねた）へと変貌した。だが、それ以降もオーストリア＝ハンガリー（以降、原則としてオーストリアと略記）では、多民族の独立運動などが、「ヨーロッパの火薬庫」と呼ばれたバルカン半島の問題と相まって不安定な状態をもたらしていた。

バルカン半島を火薬庫にしたのは、当時、「ヨーロッパの病人」と呼ばれ、衰退の一途をたどっていたオスマン帝国（トルコ）と、ロシア帝国の対立及び戦争である。とくに一八七七年から七八年にかけての露土《ろと》戦争でロシアが勝利すると、オスマン帝国の支配下にあったバルカン半島に独立国としてセルビア、モンテネグロ、ルーマニアが誕生し、ブルガリア大公国も自治を認められた。

これらの国々のうち、ルーマニア以外はスラヴ民族系のため、同じスラヴ系のロシアは後ろ盾としてバルカン半島に強い影響力を持つようになった。こうなると、バルカン半島に隣接し、一部領土も有するオーストリアは、心穏やかでない。一八七八年のベルリン会議で各国の利害は調整され、翌七九年にオーストリアはドイツと同盟を結ぶ。この同盟には八二年にイタリアが加わり、三国同盟となる（この関係は、形式的には一九一五年まで続く）。

一方、ロシアはフランスに接近し、この二国は三国同盟に対抗して一八九四年に露仏同盟を締結する。大陸と海を隔てたイギリスは、ヨーロッパの国々とは同盟せず、距離を置いていた。ただ、一九〇二年には、東アジアでのロシアの南下の動きを抑え込むために日本と同盟を結ぶ（日英同盟の二年後、日露戦争が勃発）。さらにイギリスは、一九〇四年四月にフランスと植民地関係の利害を調整するために協商を結んだ。協商とは双方の問題点を調整し、親善関係を結ぶ協定を指す。そして一九〇七年には、ロシアとも海外での勢力範囲を確定する協商を結んでいる。

ここにドイツ、オーストリア、イタリアの三国同盟と、イギリス、フランス、ロシアの三国協商という対立構図が一応はできあがった。しかし、各国は同盟・協商に完全に拘束されてはおらず、独自の外交の余地もあったので、この関係性がそのまま第一次世界大戦を引き起こしたと見るのは早計だ。

なお、この頃のヨーロッパ諸国は、共和制のフランスを除き、ほとんどが君主国である。多くの君主は、婚姻関係のネットワークを通して親戚関係にあった。カイザーとイギリス国王ジョージ五世は、イギリスのヴィクトリア女王の孫であり、従兄弟同士である。また、ロシア皇帝《ツァーリ》ニコライ二世とジョージ五世は、母親が姉妹関係にある従兄弟同士で、二人は外見も非常によく似ていた。さらに家系をさかのぼるとカイザーの曽祖母とツァーの曽祖父は姉弟で、二人は「み従兄弟」の関係である。

英独露の三君主は活発に電報などでやりとりもしていた。ただ、君主がどれだけ国の政策や軍事面の決定に影響を及ぼせるかは、国によって事情は異なる。制度も違えば、君主の人柄に左右される面もあるからだ。そして、多くの君主は平和を望んでいたが、王室外交で戦争は止められなくなっていた。

オーストリアは一九〇八年に、セルビア人やクロアチア人といったスラヴ系の人々が多く住むボスニア・ヘルツェゴビナ（ベルリン会議後、オーストリアの行政下にあった）を併合した。当然、スラヴ系の人々は併合に反発する。とくに隣接するセルビア王国は、他の国々とともに、トルコ、次いでブルガリアと戦った二度のバルカン戦争（一九一二年、一三年）で、領土を二倍にも拡大しており、セルビア人の民族意識は強まっていた。ボスニア・ヘルツェゴビナ併合によって、セルビアとオーストリアの緊張は高まっていた。

一九一四年夏、ヨーロッパは、各国の一握りの為政者の決定と、それらの相互作用の積み重ねから戦争にいたる。大戦期の個性豊かな政治家、君主、軍人たちの多くは、必ずしも戦い——少なくともヨーロッパ全土での戦争——を望んではいなかったが、憶測や利害、希望的観測に振り回されて、この大戦争の渦の中に巻き込まれていった。

彼らは、時に勝利に酔い、時には敗北に打ちひしがれ、あるいは平和を求めて煩悶《はんもん》する。行動の多くは失敗に終わるが、次の一手に希望を託し、それがまた意図を超えた結果を生むこともあった。戦争の帰趨には気象条件など偶然の要素が入り込む余地もあるが、戦争を起こすのも、遂行するのも、終わらせるのも最終的には人である。

そのため、まず本書では、大戦の時代を生きた指導者の判断を重視したい。必要に応じて逸話を盛り込み、指導者の内面にも立ち入りながら、戦争の渦の中でもがきながら一喜一憂する彼らの姿を描こうと思う。

また、この大戦には、画期をもたらした会戦、戦術、戦略がある。潜水艦・航空機・飛行船・毒ガス・戦車といった新兵器も次々と戦場に投入されている。それらに触れるとともに、国民の「集合的記憶」に刻まれた戦いにも注目を払いたい。

さらに、本書では大戦期に描かれた諷刺画《ふうし》・ポスター・戦争画などの図像を随所で紹介する。テレビもラジオもなく、映画も創成期であったこの時代、諷刺画などの視覚メディアは、こんにちとは比べ物にならない影響力を持っていた。それらの図像を通して、時代の雰囲気や、当時を生きた人々の考えなどを感じてもらえればと思う。また、諷刺画で展開された悪口合戦は、凄惨な戦争中にもかかわらず、ユーモアのセンスを競い合うような側面がある。他方で、「憎悪」を煽《あお》る諷刺画（ヘイト・カートゥーン）が数多く出された点も、この大戦の特徴であろう。

本書の構成であるが、序章ではサライェヴォ事件後の七月危機を経て、大戦勃発にいたる開戦過程を明らかにする。第1章以降は、一年ごとに軍事、政治・外交の展開を追う。主要な戦場である西部戦線と東部戦線を軸に、各地の動向を紹介していく。

一九一四年を描く第1章では、ドイツの東西の戦線を中心に扱う。西部戦線でフランスに攻め込んだドイツ軍はマルヌの戦いで押しとどめられ、塹壕《ざんごう》戦に入る。他方、東部戦線ではドイツ領に入ったロシア軍がタンネンベルクで撃退されている。短期戦で決着がつかなかった戦いは、長期戦の様相を呈し始めるのだ。

第2章が扱う一九一五年には、イギリスが西部戦線とは別の方面で戦局を打開しようと、トルコのガリポリ半島の攻略に挑み、失敗している。また、この年はイタリアが連合国側につき、またブルガリアが中央同盟国に味方してセルビアを打ち負かしている。戦火はさらに広がり、また長引いていった。

第3章で描く一九一六年になると、戦争は消耗戦の色を帯びていく。二月にドイツ軍は西部戦線のヴェルダンで打って出て、七月にはイギリス軍も大規模な攻撃を行うなど一進一退の攻防が行われる。東部戦線では六月にフランスを助けるべくロシアがオーストリア軍を攻めて大勝する。それを見てルーマニアは連合国側につくが、たちまち秋には同盟国軍に攻め込まれて敗北した。さらに、この年には北海で英独艦隊の一大決戦もあったが、どちらも勝ちきれなかった。

第4章で論じる一九一七年には、膠着《こうちゃく》を打ち破るべくドイツ海軍が、無制限潜水艦作戦に踏み切り、イギリスへの海上輸送を絶とうとする。ただ、それは期待した成果を挙げられず、アメリカの参戦を招くことにつながった。また、ロシアが二度の革命で連合国から脱落するなど、参戦国の顔触れに変化も見られ、戦争は大きな転換点を迎える。

第5章で描く一九一八年には、アメリカ軍が押し寄せてくる前に決着をつけようと、ドイツ軍が春から連続して大攻勢に打って出る。しかし、ドイツ軍は七月から連合国軍の反攻を受け、敗退を始める。同盟国では秋にブルガリアとトルコが休戦する。追いつめられていったオーストリア、そしてドイツも休戦し、ここに第一次世界大戦はようやく終わる。そして、終章では戦後の動きと登場人物たちのその後について、若干の考察を加える。

四年以上の長きにわたり、当事国も多く、かかわった指導者も数多いこの大戦の歴史は、見方によってはいくらでも複雑になりうる。そのため、限られた紙幅において、注目すべき局面を切り取っていくかたちで、本書を構成した。第一次世界大戦を扱う類書で重要とされている戦時体制、戦争目的、経済などの問題にはあまり触れていない。

最終的に歴史をつくるのは人間であるので、この大戦史の物語に、人々のドラマを感じていただければ望外の喜びである。

第一次世界大戦史◆目次

地図作成　関根美有
DTP　市川真樹子

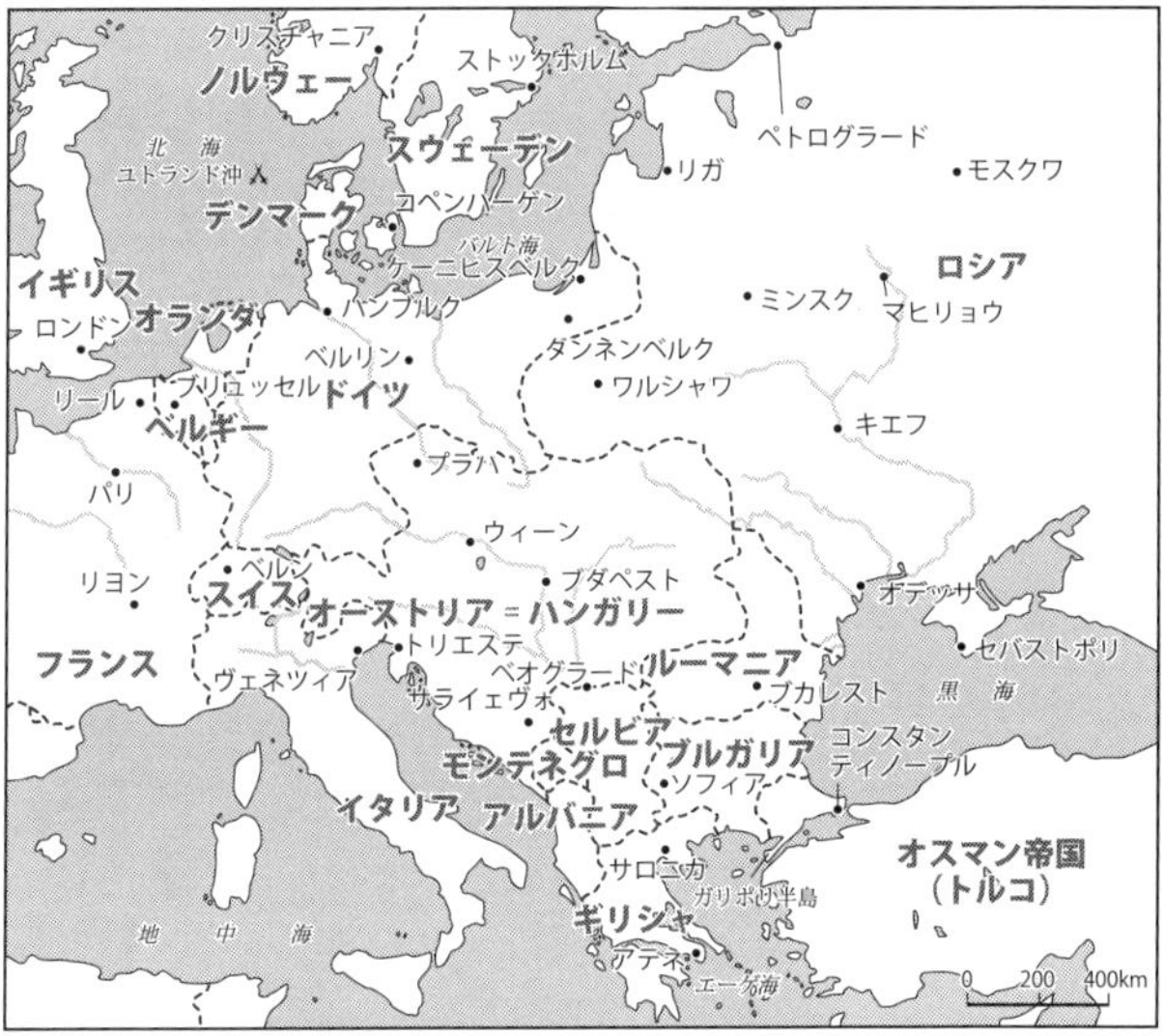

ヨーロッパ略図　1914年の開戦前の国境線に基づく。『日本大百科全書』（小学館）などをもとに作成。

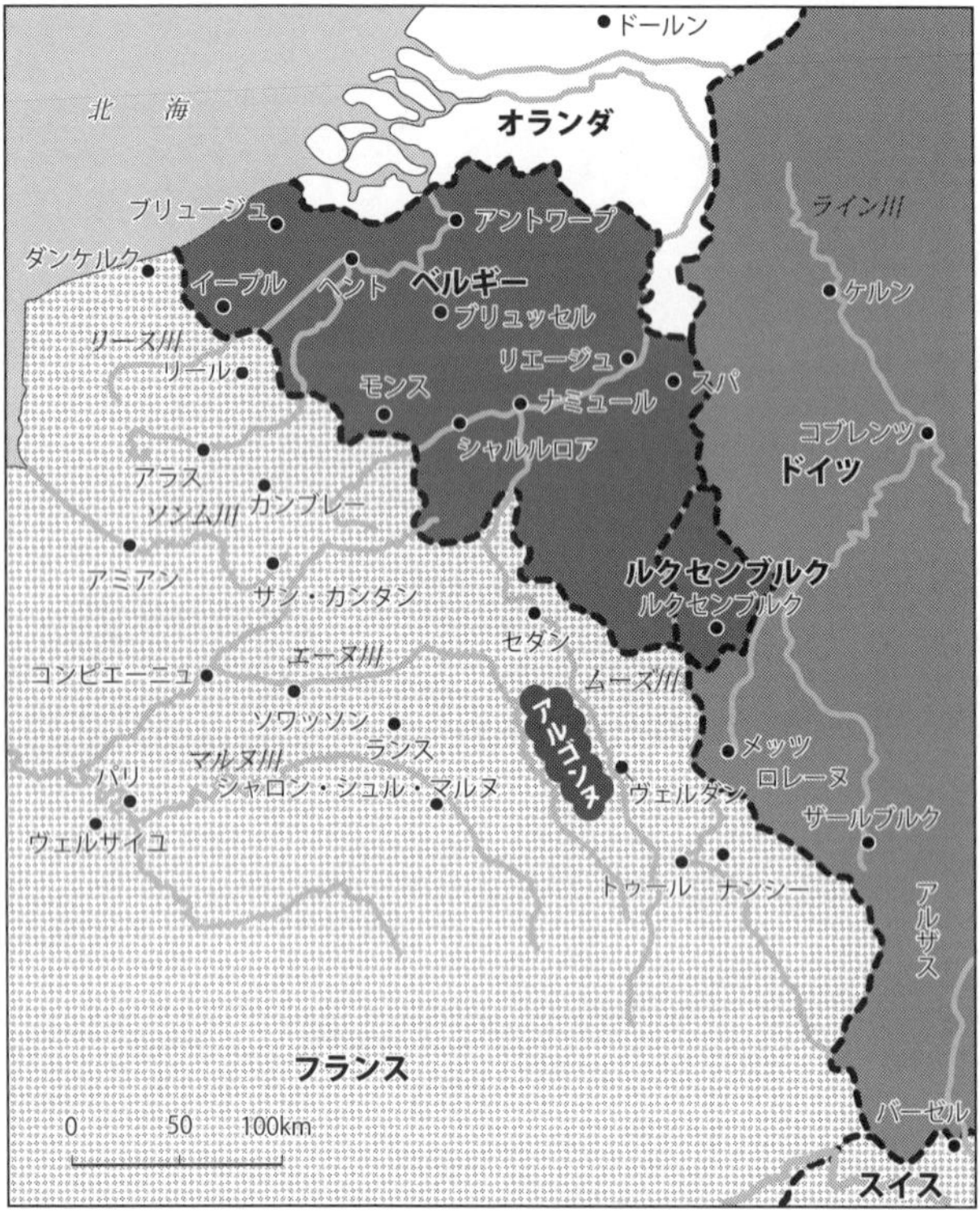

西部戦線　1914年の開戦前の国境線に基づく。『日本大百科全書』（小学館）などをもとに作成。

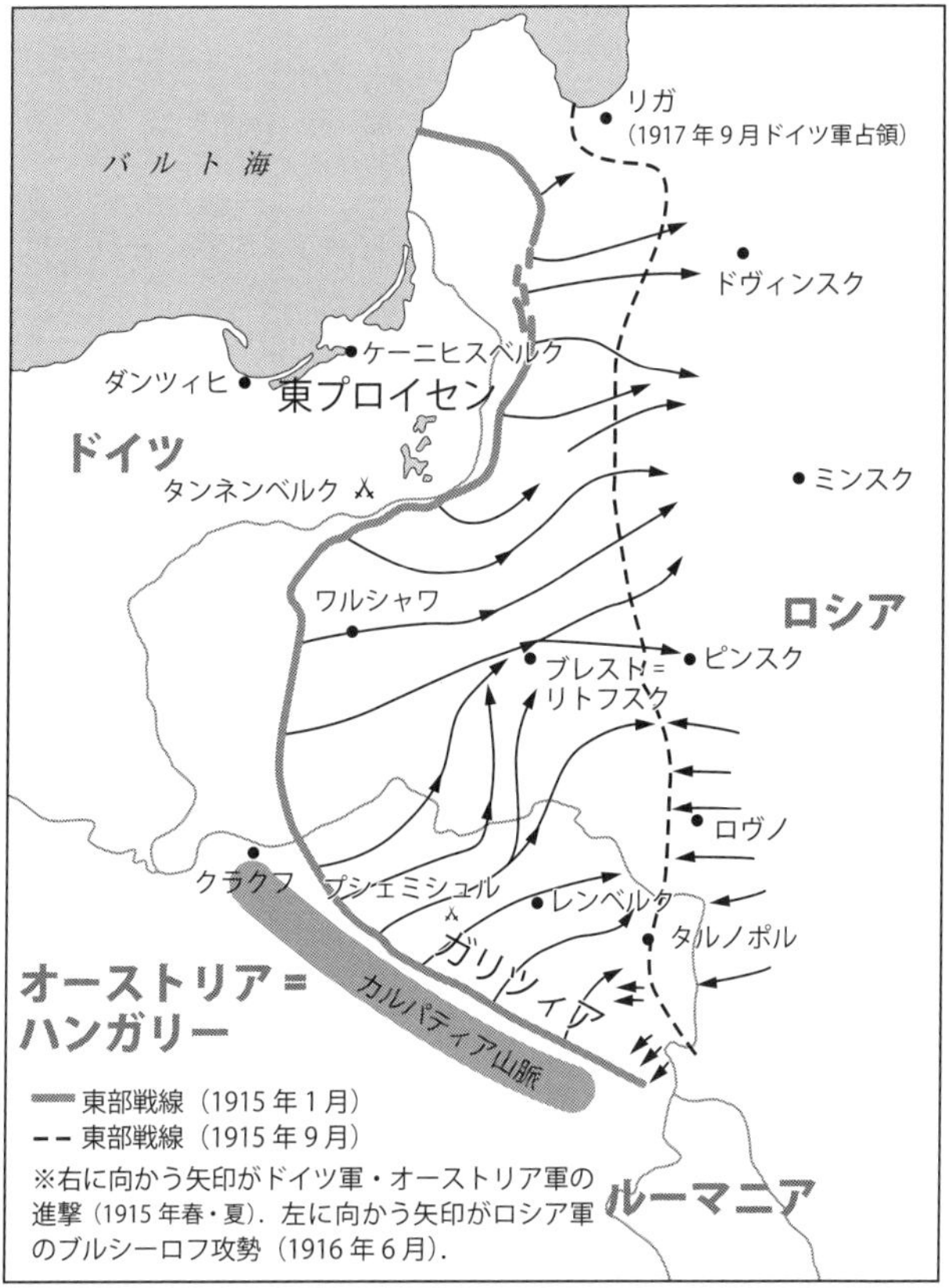

東部戦線　1914〜17年。John Horne (ed.), *A Companion to World War I* をもとに作成。

凡　例

- 第一次世界大戦における二大陣営のうち、イギリス、フランス、ロシアなどの側を開戦当初からしばらくの間、三国協商側（あるいは協商国）と呼ぶ場合もあるが、本書では最初から「連合国」と呼ぶ。またドイツ、オーストリアの同盟国側は、地理的には中欧同盟国とも言えるが、本書では英語表記の慣例などから「中央同盟国」あるいは「同盟国」と呼ぶ。

- 人名については初出時のみ名字と名前を記し、以降は原則として英語文献の慣例に従って名字もしくはその一部のみで表記した。また、君主名の後の一世や二世などは適宜省略した場合がある。

- 文中の翻訳は原則として私訳である。訳書がある場合にはそれを用いたが、用語の統一や文脈を考えて私訳を施した場合もある。

- 引用した図像の題名については、原典に題名が見当たらない場合にはキャプション（もしくはその一部）を題名として代用した。題名の後に（　）で続くのは、図像を掲載した紙誌・書籍の発刊国名である。紙幅の関係でキャプションの訳は原則として省略したが、必要に応じて解説で紹介した。

- ロシアは1918年の初めまでロシア暦（ユリウス暦）を使用していたが、本書ではロシアに関連する日付や歴史的出来事（三月革命、十一月革命）も西暦（グレゴリオ暦）で表した。また、時差は現代と異なり、開戦当時、ロンドン、パリ、ブリュッセルはグリニッジ平均時を採用しており、ベルリン、ウィーン、ローマはそれよりも１時間、サンクトペテルブルクは２時間早かった。戦中の時差は、占領や夏時間の採用などのため上記とは限らない。日時・時刻については、原則として現地の時間を基準とした。

- 戦闘の開始・終了日には、文献や解釈によって相違がある場合がある。また本書では、戦闘による死傷者は原則として戦死者・戦傷病者のみとし、戦死者・戦傷病者に行方不明者（捕虜など）を含む損耗人員と意識的に分けるようにした（但し参照文献によっては正確に分けるのが難しい場合もある）。また、軍人の階級については、国によって制度が異なり適切な訳語が見当たらない場合もある。その場合には慣例などに従った（ヒトラーの伍長勤務上等兵など）。

第一次世界大戦史

諷刺画とともに見る指導者たち

序章　七月危機から大戦勃発まで

図P－1

図P－2

図P−1「不幸なオーストリア！」（ドイツ）。フランツ・フェルディナント大公の暗殺を受けてのもの。タイトルは、ハプスブルク家のモットー「幸福なオーストリア」のもじり。たび重なる不幸から、死神が「さて、次はどうする？」と右手で「？」を描いている。不吉な予言とも思える。アメリカ人を父としてドイツに生まれた作者ジョンソンは、当時のドイツを代表する諷刺画家の１人。

図P−2「サライェヴォ」（オーストリア）。左から、セルビア国王ペータル一世、モンテネグロ国王ニコラ一世、ロシア皇帝ニコライ二世。キャプションでは「我々に罪はない」（直訳すれば「無実に手を洗う」）と言い、その言葉と掛け合わせて手を洗っているが、その手は血に染まっている。オーストリアで、彼らが大公暗殺の黒幕とみなされていたことがわかる。

愛ゆえのサライェヴォ事件

すばらしく晴れ上がった夏の日曜日だった。一九一四年六月二八日、オーストリアのボスニア・ヘルツェゴビナの州都サライェヴォをオーストリア＝ハンガリー帝国の皇位継承者フランツ・フェルディナント大公と妻ゾフィーは訪れる。そして、待ち受けていたセルビア人民族主義者の凶弾に倒れた。

運命のその日は、夫妻の結婚記念日である。それは、一四年前に二人の結婚がハプスブルク家にしぶしぶ認められた日でもあった。大公がゾフィー・ホテクと恋に落ちたのは、彼女が二七歳の時といわれる。

二人の恋がスキャンダルとなったのは、一八九九年夏である。ゾフィーは、ハプスブルク家の大公妃の一人に仕える女官にすぎなかった。女官と言っても、れっきとしたチェコの伯爵家の令嬢であったが、ハプスブルク家の皇位継承者の妻としてふさわしい相手ではない。フランツ・フェルディナントは、彼女との結婚と皇位の両方を望み、家柄を重んじる伯父のオーストリア＝ハンガリー皇帝フランツ・ヨーゼフ一世と対立する。

一九〇〇年六月二八日、ウィーンのホーフブルク宮殿で、フランツ・ヨーゼフは一族の大公たちを脇に従えて宣告する。結婚は承認するが、ゾフィーの「高貴ではあるが対等とは言えない出自」ゆえに、フランツ・フェルディナントが戴冠しても彼女には皇后の称号を与え

1914年６月28日のフェルディナント大公と妻ゾフィー
（Mary Evans Picture Library/アフロ）

ず、その子にも皇位継承権は認めない、と言ったのだ。フェルディナント大公はその条件を呑み、二人は三日後に結婚式を挙げた。老皇帝はもとより、他の大公たちも式を欠席したが、彼はその恋を貫いたのである。

身分違いの結婚のため、ゾフィーはハプスブルク家の公式行事で夫の隣に座ることも許されなかった。二人が死出の旅路となるサライェヴォに赴く時でさえ、途中までは別々に向かっている。ただ、その年の六月四日、フェルディナント大公が結果として最後になる拝謁をしたとき、老皇帝は危険が予想されていたにもかかわらず、ボスニアでの軍の大演習に彼が参加することに反対しなかった。あまつさえ、あたかも後押しをするかのように、ゾフィーが「多かれ少なかれ対等」の立場で同行することも認めた。

愛ゆえに危険なサライェヴォに赴いたと言えば、言いすぎではあろう。しかし、ハプスブルク家の厳格なしきたりと闘い続けてきた大公にとって、この訪問は身分違いの結婚から生じた不本意な処遇を改善する好機でもあった。現在、写真で目にすることができる、オープンカーで並んだ夫妻の姿は、サライェヴォだからこそ実現したのだ。

フランツ・フェルディナント大公は、知性はあるが怒りっぽく頑固で、自分の意見に固執する傾向があった。一方、ゾフィーは、大公の怒りっぽい性格を補える、健全で心のどかな女性であったという。二人は相性が良かったのだろう。子宝にも恵まれ、暗殺の時には二男一女がいた。大公は家庭生活に満足し、家族を心底愛していたという。

テロリストの最初の一弾は、車のドアを貫通してゾフィーの腹部に、第二弾は大公の首筋に命中した。車中で大公は、意識を失った妻に「ゾフィー、ゾフィー、死なないでくれ、子どもたちのためにも生きていてくれ」と語りかけた。しかし、願いはかなえられず、大公自身もほどなく絶命する。

まえがきで述べたような高まる民族意識を背景に、「黒手組《ブラックハンド》」と呼ばれるセルビア民族主義者のテロリスト組織は、オーストリアに併合されたボスニア出身のセルビア人青年らに訓練を施していた。そして、彼らに武器を渡して、一九一四年五月末にボスニアへ送り込んだのだ。大公夫妻を撃ったのは、その一人のガヴリロ・プリンツィプである。

大公は、テロの標的となるような対セルビア強硬派だったのだろうか。むしろ、彼はセルビア人を含むスラヴ民族に宥和《ゆうわ》的で、帝国内のスラヴ人地域により多くの自治権を与えようとしていた。しかし、このような考えこそ、民族の支配地域を拡大したうえで統一を図ろうと考える人々にとっては脅威であった。

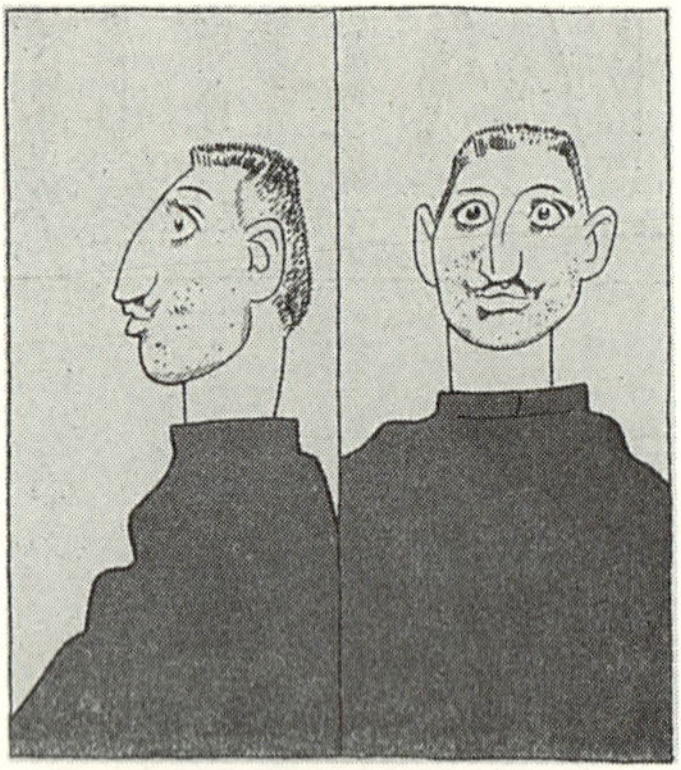

図P－3「我々の犯罪者名簿より」（ドイツ）。「暗殺犯」プリンツィプ。作者グルブランソン（ノルウェー生まれ）は、当時のドイツを代表する諷刺画家。『ジンプリツィシムス』誌で活躍。同誌はイギリスの『パンチ』と並び称されるドイツの諷刺雑誌。

逮捕されたプリンツィプは、大公が「将来の君主として、一定の改革を達成することによって、我々の統一を妨げたであろう」と言っている。第一次世界大戦の開戦過程を描いた名著『夢遊病者たち』で、歴史家クリストファー・クラークはこう指摘している。テロ活動の論理からすると、明白な敵や強硬派よりも、このような改革派や穏健派の方が恐れられるのである、と。

暗殺の波紋はゆっくりと広がったが、大戦に発展する兆しはなかった。ただ、この暗殺によりオーストリア政府内では、セルビアに対して武力行使も辞さない強硬措置を取ろうとする意見が急速に台頭する。この時点で明瞭な証拠はなかったものの、暗殺の背後にはセルビアがいるか、あるいはセルビア政府は凶行を少なくとも黙認していた、と推察したのだ。

これまでオーストリアで対セルビア強硬策が取り沙汰された時、常に待ったをかけてきたのはフェルディナント大公であった。しかし、皮肉なことに大公その人が殺されたのである。我慢にも限界があるという強硬派の申し出を受け、老皇帝は二重帝国のもう一方であるハンガリーの首相イシュトヴァーン・ティサの同意を条件とし、強硬措置を認めた。

似た者同士――ヴィルヘルム二世とフェルディナント大公

老皇帝がどの程度、大公の死を怒り悲しんだかには諸説がある。ただ、老皇帝よりも怒り悲しんだ可能性が高いのは、ドイツ皇帝ヴィルヘルム二世であろう。大公暗殺の報は、すぐにドイツ北部のキールでヨットレースを楽しんでいたカイザーに伝えられた。

カイザーは大公としばしば狩りをする間柄であった。サライェヴォ事件の二週間ほど前である六月一二～一三日にも大公夫妻に招かれて親しく交遊し、スラヴ問題について意見を交わしたばかりである。カイザーは五五歳で、五〇歳の大公と年齢も近い。また、両人は落ち着きがなく、虚栄心に満ちた性格でも似た者同士であった。ただ、カイザーはハプスブルク家の人々と異なり、ゾフィーと分け隔てなく接したので、夫妻にとってはつきあいやすい相手であった。

暗殺を知り、カイザーはすぐにベルリンに引き返す。七月二日、オーストリア政府内の見解を伝えるドイツの駐ウィーン大使の報告書を読んだカイザーは、その余白に「セルビア人は一掃されねばならない、それもすぐに！」と書き込んだ。後世の歴史家には、この書き込みこそがドイツ外交が過激になった転換点を示す証拠であり、「勅令」と同じ効果を持ったとさえ論じる者もいる。しかし、すぐに激昂するカイザーの性格や、書き込みにすぎないことから、そこまで重視すべき事柄ではないと思われる。

七月三日、大公夫妻の葬儀がウィーンで行われた。カイザーは呼ばれれば参列したであろうが、フランツ・ヨーゼフは他国の君主を招く気はなかった。安全確保の問題もあったが、体調のすぐれない老皇帝は平穏な日常生活に一日も早く戻りたかったのだ。大公の葬儀で、老皇帝とともに、カイザーやロシア皇帝ニコライ二世（慣例でツァーとも呼ぶ）などが一堂に会していれば、大戦が回避されたかは別として、事態は違う展開を見せたであろう。

カイザーは「白紙小切手」を渡したのか？

七月五日、ポツダムの宮殿でカイザーは、ドイツに協力を求めるフランツ・ヨーゼフの親書を携えたオーストリア大使に面会する。大使によれば、カイザーは慎重な物言いをしていたが、昼食を挟んだ二度目の謁見では、宰相の同意を条件としながらも、オーストリアは「ドイツの全面支援を当てにしてよい」と確約したという。

さらにカイザーは、対セルビアの行動は「遅延されるべきではない」と釘を刺し、背後にいるロシアと戦争になった場合、ドイツがオーストリア側に立つことを信じてよいとも伝えたとされる。これが世に「白紙小切手」と言われる約束であった。

翌六日、カイザーは毎年恒例である北欧へのヨット旅行に出かける。後を受けたドイツ帝国の宰相テオバルト・フォン・ベートマン＝ホルヴェークは、オーストリアの大使と外相特使へ公式に返答した。大使の要約によれば、そのなかでベートマンは、彼もカイザーも、オーストリアがセルビアに直ちに干渉するのが「最善かつもっとも根本的なバルカンでの問題の解決方法」であると伝えたという。

後世の一部の論者は、この一連のやりとりで、ドイツの皇帝も宰相も、オーストリアが控え目な措置を意図していたのに、それ以上の行動を煽ったと指摘した。オーストリアを戦争へと導き、それがロシアの介入を招き、連鎖的に世界大戦にいたらしめたというのである。ただ、こんにちの歴史家が明らかにしたのは、この時点でドイツの指導者たちは、オーストリアがセルビアに戦争をしかけたとしても、ロシアの介入がないと信じており、またその介入を誘発する意図もなかったことである。カイザーは、北欧へ旅立つ前に「今回のケースで、ツァーリがレジサイド［国王殺害者。ここでは、前国王がクーデターで殺害されたセルビアを示す］の側に身を置くことはないだろう。おまけに、ロシアもフランスも戦争の備えができていない」と語ったという。

つまり、ドイツはロシアと戦争するリスクを冒してまで、セルビアに対して強硬措置をとるようオーストリアに求める気はなかったのである。もしもドイツ側に責められる点があるとすれば、オーストリアに対して、いい加減な約束をし、なすがままに任せた無責任さにあると言えるかもしれない。

オーストリアの強硬派は、ドイツの全面的な支援が得られないことを懸念していたので安《あん》堵《ど》する。都合よくドイツの約束を、行動への督促だとも解釈した。確かにドイツの指導者たちは繰り返し、早急な行動を求めていた。ただ、彼らが考えていたのは、実のところオーストリアとセルビア間の紛争をヨーロッパ戦争に発展させないためであった。ロシア、あるいはその同盟国フランスが、セルビア支援を準備する間を与えず、オーストリアが強硬策を取れば、紛争は「第三次バルカン戦争」程度に局地化できると考えたのである。彼らはヨーロッパ戦争を懸念してはいたが、迅速な行動で紛争は局地化されると都合よく思い込んでいた。その計算に大きな狂いが生じたのは、オーストリア側の反応の遅さのためだった。

オーストリアの最後通牒とグレイ外相の後悔

オーストリア政府は、もともと行動が遅いことに定評があった。それに加えて、ハンガリー首相のティサが強硬策に反対していた。ティサは、セルビアにかかわることで国内にスラヴ民族がさらに増えることを望まなかった。たとえ戦争に勝ったとしても、ただでさえ物騒で厄介な連中をこれまで以上に抱え込んでは、火種が増すだけだと考えたのだ。しかし、ティサは周囲の助言などによって七月一四日に翻意する。

オーストリア政府内の強硬派を代表するのは、経験不足で人物的にも「軽佻浮薄《けいちょうふはく》」と評されたレオポルト・ベルヒトルト外相と、同じように経験不足のフランツ・コンラート＝フォン＝ヘッツェンドルフ陸軍参謀総長であった。コンラートは、敵が準備を整える前に戦争をしかけるという予防戦争の主唱者であったが、その機会をフェルディナント大公に何度も奪われていた。その障害がなくなったのである。また、妻に先立たれていた彼には大いなる戦功を挙げ、人妻と結婚せんとする個人的な動機もあり、張り切っていた。

七月一九日、オーストリアの指導者らは、セルビアに対する強硬策を決める。彼らは、兵士の多くが農作物を収穫する休暇から戻る日程を考慮した。また二〇日からロシアの首都サンクトペテルブルクを訪れるフランス大統領・首相一行がロシアと会談をしている間に事を起こして両国を刺激しないように、帰路につくタイミングも考えた。そのうえで二三日にセルビアへ最後通牒を突きつけることにした。

最後通牒は、七月二三日木曜日の午後六時にセルビア政府に渡された。それには、セルビア政府がとても承諾できないような条項が幾つか含まれていた。事実上は拒絶させるためのものだった。回答期限は四八時間以内と短い。翌二四日午前には、列強諸国の外交筋にも内容が伝えられた。ドイツだけは特別に二二日に知らされていたが、宰相ベートマンや外相も強硬過ぎると考え、直前に詳細を明かしたベルヒトルトを非難した。

当時のヨーロッパ外交界でもっとも声望を集め、影響力を持っていたイギリス外相エドワード・グレイは、二四日午前に内容を知り、「一国から独立した他国に送られたもの」としては、これまで見たなかで「もっとも恐るべき文書」であると断じた。ただ、グレイはこの段階では、ヨーロッパ全体を巻き込む大戦争になってしまう危険を深刻に認識してはいなかったようだ。外務次官補は、「紛争がエスカレートした場合、イギリスは露仏の側に立つ」とするような警告をドイツへ送り、紛争を抑止すべきと助言した。しかし、グレイは「時期尚早」として聞き入れなかった。

グレイは、この時の判断を亡くなるまで悔やんだとも言われる。イギリスは明確な参戦義務に縛られておらず、本来は調停者として影響力を行使できる立場にあったが、グレイは積極的に動かず、週末の釣り(彼はフライフィッシングで名高い)に出かけてしまう。

その後、二六日の日曜日になり、グレイも同意して、イギリスは事態を収拾するための四ヵ国調停案をドイツに提示した。だが、これは翌日に拒否される。

ロシアの「白紙小切手」

最後通牒を受け取ったセルビア政府の指導者らは、怒りの声を上げた。ただ、選挙遊説から呼び戻されたニコラ・パシッチ首相を始めとして、彼らは戦争を何としても避けたかった。大国オーストリアと単独で戦っても勝ち目はないため、セルビア政府は通牒の全面受諾を考えていた節もある。それが全面受諾より留保つき受諾へとセルビア政府が傾いた理由の一つは、七月二四日にロシアで決まった支援の約束が拡大解釈されたことにある。

七月二四日、ロシア政府は大臣会議を開き、対応策を協議した。この場にツァーは臨席していない。後から考えると、この会議ほど重要なものはなかったかもしれない。会議でセルゲイ・サゾノフ外相は、（事実はそうでなかったが）オーストリアの最後通牒はドイツと共謀して書かれたものだと主張した。そして、スラヴ諸民族の独立を守る「歴史的使命」を放棄するならば、ロシアはすべての権威を失うと訴えた。他にも、反ドイツのタカ派の大臣は、過去に宥和的な措置をとっても独墺を懐柔できなかったことを強調し、独墺の「不当な要求に対してはより強硬で精力的な態度」を取るのが最上の策であると主張した。

この会議では、オーストリアに回答期限の延期を求めることや、セルビアには国境で戦うのではなく軍を国の中央に撤退させるよう助言すること、そしてオーストリアに対応する四軍管区に限って動員をかける「部分動員」の裁可をツァーに求めることなどを決めた。大規模な軍事行動をする前には、兵士を召集し、軍を戦時編成に切り替える「動員」が必要となる。国全体ですべての軍を戦時編制にする場合は「総動員」を行うが、それは控えたのだ。

その日、会議の後、外相サゾノフはセルビアの駐ロシア公使に、不必要な挑発は避けるよう助言するとともに、「ロシアの支援を非公式に当てにしてよい」と伝える。

ただ、具体的な支援策についてはフランスと相談の上、ツァーが決めることだと釘を刺した。セルビア公使はその旨を本国政府に伝えたが、その後、ロシアの大臣会議では「動員まで含む積極策」を取ることが決まったと追加で打電した。セルビアのロシア駐在武官からも公使に、ロシアは総動員間近との情報が伝えられ、それはすぐに本国政府に伝えられる。

ロシアの支援の約束、なかでも動員の決定は、セルビア側を大いに勇気づけてしまう。この決定は、現在ではロシアがセルビアに渡した「白紙小切手」とも呼ばれている。

翌二五日、臨席したロシアの大臣会議で、ツァーリは部分動員を含む強硬策を認めた。七月二四日の段階でツァーリは「戦争は世界にとって災厄であり、一度起こったら止めがたい」と考えていた。ただ、彼は、独露墺の三皇帝の中でも一番若い四六歳であったが、家庭生活を好み、国を率いる知性もエネルギーも欠いていて、優柔不断であった。現に、かつて日露戦争前の対日交渉でも、一度決めたことに条件をつけるなど揺れ動き、現場を混乱させている。それは、七月危機でも同様であった。

こうして決まったロシアの部分動員とはいかなるものであったのだろうか。ドイツやフランスと違い、ロシアでは動員令を下してから軍事行動が可能になるまで少なくとも一五日はかかる。ロシアが動員を急いだ背景には、このような事情もあった。ただ、ロシアの部分動員の決定は不可解であった。ドイツを刺激しないようドイツに隣接するワルシャワ軍管区での動員は避けた。これならば総動員ではないので、サゾノフ外相は独墺に手を引くよう説得するには十分と考えたのである。しかし、オーストリアのみに対する動員であるからといって、その同盟国であるドイツが対応しないと考えるのは甘すぎる。

さらに技術的にも問題があった。ロシアには総動員計画はあったが、部分動員の計画は用意されておらず、軍管区をまたいでの予備役兵（軍務を終えて社会に戻っているが、非常時には召集を受ける存在）の召集や複雑な鉄道輸送に効率的に対処する能力もないので、混乱は目に見えていた。そのため、実際の部分動員の下令は引き延ばされていく。

しかし、動員前の準備措置は早々ととられた。諸外国の関係者は、その措置を動員の開始と誤解した。一方、ドイツはこの段階では戦争の局地化を期待していたため、軍事的準備への着手は控えていた。

「外交的あいまいさの傑作」に対するオーストリアの宣戦布告

セルビア政府は最後通牒の一〇条項の要求に対する回答で、オーストリア官憲が共同でサライェヴォ事件の究明にあたるという条項に対し、留保条件をつけることにした。これは、パシッチ首相が、テロを背後で画策・支援した組織と間接的なつながりがあり、露見するのを恐れたためとも言われる。パシッチ首相は自らオーストリア公使館に出向き、期限の二五日午後六時の五分前に、オーストリア公使へ回答を手渡した。

セルビア側の回答については、ほとんどオーストリアの要求に屈服したものだと言われることが多い。しかし、実のところ、この回答は「外交的あいまいさの傑作」とも称されるものであった。個々の条項に対して、受諾、部分的受諾、回避、拒否など手練手管を弄し、オーストリアに対して「驚くほどほとんど何も与えていない」と歴史家クラークは評している。

一方、元より呑めない条件を提示していたオーストリア側にとって、全面受諾以外は何であれ同じだ。公使は予定通りすぐさま公使館をたたみ、七時前にはセルビア国境を通過する。

他方、北欧クルーズに出かけていたカイザーは、報告を受けてはいたものの、最終的にヨーロッパ戦争に発展はしないと楽観視していた。二七日にポツダムへ戻ったカイザーは、翌日、セルビアの回答内容を知り、それが宥和的であることを「予想以上」と捉えた。彼はオーストリアが戦争に訴える理由はなくなったと考え、自ら仲裁に乗り出す意向も示す。

しかし、指示を受けた外相も、ベートマンも、カイザーの主張をまともにオーストリア側に伝えようとしなかった。クラークが書いているように、カイザーが以前のように臣下を動かす力を十分持っていたら、カイザーの介入で危機の展開も変わったであろうが、そうはならなかった。

それでもまだ妥協の余地は残っていた。なぜなら、ロシア側に最後通牒の期限の延期を求められて、ベルヒトルトは拒否したものの、彼は期限が切れてからもセルビア側が要求に従えば戦争を避けることができると回答していたからである。

しかし、ロシアの部分動員を知って、セルビア政府はむしろ勢いづいていた。駐露セルビア公使は、「セルビア人の完全な統一」を果たす絶好の機会が訪れたとさえ報告している。

七月二八日午前、皇帝フランツ・ヨーゼフは、対セルビア宣戦の詔勅に署名する。こうして、オーストリア対セルビアの戦争は始まったが、まだこの段階では地域紛争に留まっていた。この七月危機のさなか、老皇帝は次のような趣旨のことを漏らしたと伝えられる。「この君主国が亡びなければならないならば、その時には少なくとも名誉をもって亡びなければならない」。名誉ある滅亡かどうかは別にして、この古くからの帝国は亡ぶ。しかし、老皇帝はそれを目撃せずに済む。

揺れるツァーの決断

部分動員を決めていたロシアは、さらに総動員（三〇日下令）へと向かう。これを「七月危機におけるもっとも重大な決定の一つ」とクラークは言う。当時は外交文書の捏造《ねつぞう》などもあり、はっきりとしなかったが、ロシアは総動員をかけた最初の国だった。なぜロシアは部分動員を総動員へと切り替えたのか。

まずは、先にも述べたように、部分動員が技術的に実行困難であったことがある。さらに外交交渉の行き違いもあった。少し経緯を見てみよう。

ドイツでは、戦争をオーストリアとセルビアとの間に局地化したいと考えたベートマンが、カイザーからツァー宛の電報（二八日付）で、墺露間の調停の意向を伝えた（二九日の夕刻にはもう少し踏み込んだ内容の電報を打つ）。

一方でベートマンは、二九日の午後、駐露ドイツ大使を通してサゾノフ外相に、ロシアが軍事的準備を続けるならばドイツも動員せざるを得なくなるという警告を伝えた。あくまで警告のつもりだが、サゾノフは怒り、あたかも最後通牒であるかのように受け止め、総動員がすぐに必要だと確信してしまう。

図P－4「ユダのキス」（ドイツ）。ツァーが左手に匕首を持ち、カイザーに「ユダの裏切りのキス」をしている。ツァーの裏切りが戦争を導いたとの見方を示す。

その晩、サゾノフはツァーに、これ以上、総動員が遅れればロシアは危ういという軍の見解を伝えた。ツァーは、総動員を承諾する。ところが、その総動員令が発せられる直前の午後九時二〇分に先述のカイザーが夕刻に発した電報が、ロシア側に届く。「ロシアの軍事的手段は、オーストリアには脅威とみなされ、我々が避けたいと望んでいる大惨事に陥り、余への貴殿の友情と助力の訴えに基づき、余が喜んで引き受けた調停の役割を危うくするだろう」と電文は締めくくられていた。「大惨事」の責任を負いたくないと考えたツァーは、総動員令を撤回し、部分動員に切り替えることにした。部分動員の命令は、その夜遅くにとりあえず発せられた。

しかし、優柔不断なツァーは、翌三〇日の朝、ベートマンがサゾノフに伝えた警告と同じような内容が記された、カイザーからの追加の電報に接して気が変わる。ツァーは、オーストリアが動員をしているのにロシアが止めると自国は無防備になるという考えにもとりつかれていた。実際にはオーストリアは総動員に踏み切っていなかった。ツァーがそのように信じた背景には、ロシアの軍事諜報《ちょうほう》分析で、伝統的にオーストリア軍の能力が過大評価されており、とくに先制攻撃で優れていると見られていたからだ。

開戦後、主要国は自国の正当性を訴えるため色付き表紙の外交文書集を発刊した。その一つであるロシアの『オレンジブック』で、ロシア政府はオーストリアの総動員令を三日早く二八日とし、ロシアに先んじたと捏造した。しかし、実際にはロシアは七月危機の中で最初に総動員をかけた国であることが現在では明らかになっている。さらに口裏を合わせるため、フランスは自国外交文書を載せた『イエローブック』で、でっちあげをしている。

三〇日午後三時、サゾノフが拝謁した際、ツァーは「疲れ果て心ここにあらず」の様子であった。サゾノフは、「平和を保持する希望は残されていない」という結論を伝える。ツァーは、「参謀総長に余の動員命令を伝えよ」と言った。かくして総動員令は再び承認されて、今度こそ本当に発せられたのである。

美しく青きドナウの戦争

その頃、すでに戦闘は始まっていた。第一次世界大戦の最初の戦闘は、美しく青きドナウ川の近辺から始まったと言っていいだろう。七月二八日、午前一一時、オーストリアはセルビアに対して宣戦を布告し、その日、オーストリア＝ハンガリー軍（以降、オーストリア軍と略記）は軍事行動に着手した。

一方、二九日午前一時、セルビア軍はドナウ川に合流するサヴァ川に架かる、首都ベオグラードとハンガリーをつなぐ橋を爆破する。今の国境と異なり、ベオグラードの川向うはハンガリーだった。オーストリアの砲艦は、ドナウ川を下ってベオグラードを砲撃し、セルビア軍は少しばかり応戦した後に撤退した。この戦闘は奇襲攻撃では、もちろんない。宣戦布告後の戦闘であり、ベオグラード市民の多くはすでに疎開し、外国人も退去していた。戦闘は始まったが、大軍が一斉に攻撃を始めたのではない。その後の大戦の惨禍を考えると、のんびりとしたような始まりだった。

それもそのはずで、オーストリア陸軍参謀総長コンラートは、この時点で戦闘がヨーロッパ戦争にエスカレートするとは思っておらず、対セルビア作戦である「プランB」を実行しているにすぎなかった。その後の三日間、彼は事態の展開の速さに面食らうことになる。

久しぶりの戦争に国民は興奮した。精神分析の創始者であるオーストリアのジークムント・フロイトは「この三〇年で初めて、私はオーストリア人であることを感じている」と意気軒昂で、自らの理論の中心概念である性本能を発現させるエネルギーのリビドーに触れてこう述べた。「私のリビドーはすべてオーストリア＝ハンガリーに捧げられている」と。しかし、二週間もすると、セルビアに手こずるのを見て、彼のオーストリア熱は冷める。息子のうち二人は出征し、その身も案じられた。一年もすると彼は戦争に対する幻滅を口にするようになる。

動員から戦争へ

七月の終わりになっても、ドイツでは政治指導者と軍事指導者の意見が一致していなかった。七月二八日にオーストリアが開戦した時点でも、カイザーは戦争拡大を望んでいない。翌日、そんなカイザーとベートマンを震撼《しんかん》させる見解が、グレイ外相から駐英ドイツ大使に伝えられた。グレイは戦争が局地化されなかった場合、イギリスが中立を維持すると考えるのは現実的ではないという警告を、冷静にしかし深刻な調子で伝えたのである。つまり、ヨーロッパ全体の戦争になれば、イギリスが相手側につくと言うのだ。ベートマンはすでに述べたようにロシアを説得しつつ、オーストリアも抑えようとするがうまくいかない。

一方で、ドイツ陸軍の総責任者である陸軍参謀総長のヘルムート・フォン・モルトケ（普仏戦争時のモルトケ参謀総長の甥）は、軍事的観点から危機感を抱いていた。ドイツの軍事作戦「シュリーフェン計画」は、ロシアがすぐに動員できないことを前提とし、まずは西の短期決戦でフランスを屈服させ、次いで東でロシアを叩くものである。だが、ロシアが早く動員を行うと、作戦の前提は崩れてしまうのだ。

三〇日、モルトケは直ちに総動員に動くよう訴えたが、ベートマンが押しとどめる。ベートマンは和戦両様の構えで、戦争となる場合も考え、ロシアの総動員を待っていた。先にロシアがしかけたとなれば、国際的にも、さらに国内で議会多数派を占める社会民主党を説得する際にも、自衛戦争という体裁が整うからである。ベートマンはほどなく、ロシアが総動員に踏み切ったことを知る。

三一日の正午、ドイツ政府は、動員につながる「戦争緊迫事態」を布告した。ドイツはロシアの動員を受けて、そう布告したことをイギリスに知らせる。午後一〇時、ドイツはロシアに対して、軍事的準備を止めるよう要求する最後通牒を発した。

事態の急展開に驚いたのはイギリスである。日付が変わって翌一日の深夜一時過ぎ、ハーバート・アスキス首相はバッキンガム宮殿にタクシーを走らせた。彼は、就寝中の国王ジョージ五世を起こして、総動員を止めるようツァーに訴える親電の内容について了解を得て送った。しかし、効果はなかった。ドイツの最後通牒の期限はその一日の午後だったが、ロシアからの回答はなかった。その日のうちにドイツはロシアに対して宣戦を布告した。

望まない戦争へ進むフランス

ロシアに総動員を思いとどまらせられる国があるとすれば、それは敵のドイツではなく、軍事・財政面でロシアが多大に依存している同盟国のフランスだった。まさに、七月危機が進行している最中、七月二〇日から二三日の間、フランス大統領レイモン・ポアンカレ、ルネ・ヴィヴィアーニ首相ら首脳は、サンクトペテルブルクに滞在していた。ここでフランスがロシアにどのような話をしたかは、詳《つまび》らかにされていない。戦争にならない範囲での強硬策を促したのではないかと言われている。

オーストリアは、先にも述べたようにフランス首脳一行が帰国するタイミングを見計らってセルビアに最後通牒を発したので、彼らは七月二九日朝まで海路にあり、通信も不自由であった。おまけに駐露フランス大使は適切な情報を首脳らに伝えない。首脳らも首脳らで、直ちに帰国することがかえって危機の印象を強めると考え、すぐにフランスに戻らずスウェーデンに寄り道などをし、いよいよ危機が本格化するとあわてて予定をキャンセルしてパリに戻った。ロシアは同盟国フランスに十分相談することなく総動員に踏み切った。フランスにとってセルビアは遠い国で、そのために戦う義務も義理もない国だった。

なぜフランスは積極的にロシアの総動員を阻止しなかったのか。フランスは独仏戦争の復讐心に燃えていて戦争を望んでいたとする見方もあるが、現在の大半の歴史家はこれを否定している。フランスが抱えていたジレンマは、ロシアとドイツとの諍《いさか》いに巻き込まれたくはないが、一方で対独戦となった時にはロシアの軍事力がないとフランスは持ちこたえられない恐れがあることだった。

露仏両国の駐在大使が、ともに反ドイツのタカ派であったことも災いした。駐露フランス大使は、フランス首脳が帰途にある間、ロシア政府にロシアの動員をフランスは支持すると伝えていたと推測される。ロシアから動員（この時点では部分動員）開始の報を受けたヴィヴィアーニは、七月三〇日早朝、ドイツが動員する「口実を与えるかもしれない行動を取らないよう」ロシアに促した。

この電文の内容をフランスは、自分たちが平和を求めている証しとしてイギリスにも伝えた。だが、これは多分にイギリスへ平和努力を尽くしたことをアピールし、後で味方につけるためであったろう。大統領ポアンカレは、電報の打電後、別の連絡ルートで動員に反対しない旨をロシアに伝え、巧みな二枚舌を見せた。

その日の閣議で、ジョゼフ・ジョフル参謀総長は、ドイツの攻撃に備えて直ちにフランスも動員を始めるよう主張したが受け入れられなかった。逆にドイツ国境近くのフランス軍は、攻撃の口実を与えないために一〇キロメートル後方に退くことが決められた。しかし、これも平和を志向したというより、イギリスの支援を意識しての措置であったと言える。

フランスの内閣は、七月三〇日か遅くとも三一日には、対ドイツ戦争は不可避と考えていたと言えそうである。八月一日、フランスはドイツからの中立要求を拒否し、総動員を布告する。ドイツも正式に総動員令を発した。ドイツとフランスの関心は、ヨーロッパ戦争になった場合、イギリスが参戦するかになった。

カイザーの侮辱とモルトケの涙

八月一日の総動員発令後、カイザーは駐英ドイツ大使から驚喜すべき報せを受けた。ドイツがフランスを攻撃しなければ、イギリスは中立を守り、フランスも動かないことを保証するというのである。

カイザーはモルトケと議論し、英仏が中立を約束するならば、喜んでフランスに対する軍事行動を停止しようと主張した。ベートマンも同様の考えだった。ところが、モルトケは頑なだった。興奮し、唇を震わせて、動員しつつあるフランスにドイツの背中を晒《さら》すのは自殺行為だと言い張る。すでにドイツの偵察隊は鉄道を確保するためルクセンブルクに侵入し、それに続いて一個師団（兵力で通常一万六〇〇〇～二万人程度）が同地への侵攻に着手しようとしていた。カイザーは、その師団の動きを押しとどめた。

その後、駐英大使からは、イギリスの中立条件についてグレイと相談する、という連絡が届く。その間もモルトケは、動員計画の対象からフランスを除外はできない、とヒステリックに主張し続けたが、カイザーは受けつけなかった。「汝のすばらしい伯父ならば、余にそのような答えをすることはなかっただろうに。余が命令すれば、それは可能とならねばならぬ」と、カイザーは侮辱的な言葉を投げつける。伯父とは、しばしば「大モルトケ」と称され、前にも述べたように参謀総長として普仏戦争を指揮し、ドイツ帝国の成立に貢献したもう一人のモルトケである。

ところが、そうこうしているうちに、駐英大使からグレイとの会見内容を知らせる電信が届く。グレイは中立を維持する条件を提示せず、独仏が戦わずして軍事的な「にらみ合い」でおさめることが可能であるかを問い、あまつさえベルギーの中立が侵犯された場合にイギリスが黙っていない旨を警告さえした。「にらみ合い」にはグレイの本音が垣間見えるが、ドイツにとっては受け入れがたいものだった。

カイザーの師団停止命令に一度は涙したモルトケは、その日の深夜、宮殿に呼ばれる。カイザーはイギリスの立場を表す電信を示しながら、モルトケに伝える。「さあ、そなたはしたいことができる」。

モルトケが実施するのは、先に触れたシュリーフェン計画である。この計画はその名の通り、モルトケの前任者でもある参謀総長シュリーフェンがかつて立案したものだ。立案時には対フランス・ロシアの図上演習の類《たぐい》にすぎなかった。当時ドイツには、それを実現させる軍事力も軍を移動させる鉄道などのインフラも整っていなかったからである。

しかし、一九〇六年にシュリーフェンの跡を継いだモルトケは、この計画にたびたび修正を加え、実行可能なものに変えていった。東西での二正面戦争を避けるため、可及的速やかにまずフランスを屈服させるという計画の趣旨からすれば、独仏が軍事的に「にらみ合う」のは受け入れられない。また、この計画の要点は、中立国のルクセンブルクとベルギーを通過して、迅速にパリへ進軍することにあった。

八月二日、ドイツは中立国ベルギーに軍の自由通行を要求する最後通牒を発した。翌三日朝一一時前、ベルギーはこれを拒否する。同日午後五時半、ドイツはフランスに宣戦を布告した。

グレイ外相は消えるヨーロッパの灯を見たのか？

この間、イギリスは何をしていたのだろうか。七月二四日に自由党のアスキス内閣の閣議が開催された際、大多数の閣僚はヨーロッパ戦争に巻き込まれることへ反対であった。グレイは国際的な調停をしながら、閣内ではフランスへの支援を求め続けた。しかし、二九日の段階でも閣内でのグレイへの支持は、アスキス首相、ウィンストン・チャーチル海相ら四人に留まっていた。三一日午前の段階でも支持は固まらない。イギリスはフランスと一九一二年に海軍協定を結んではいたが、これは参戦を義務づけるものではなく、フランスを支援する「道徳的義務」を示すにすぎないものだった。

先にも述べたように、グレイの本音らしきものは、八月一日の独仏の「にらみ合い」でおさめる提案に表れている。同様の提案は、前日に駐英フランス大使にもなされている。この提案では、独仏は西で戦わずに対峙《たいじ》し、ロシアのみが東でドイツ、オーストリアと戦うことになる。グレイは遠い南東ヨーロッパの事件をきっかけに、大国同士が、どこの国も攻撃されていないのに戦うことを理不尽と感じていた。これはフランスにとってはロシアへの「裏切り」の勧めであった。しかし、フランスはフランスで、ロシア抜きではドイツとは戦えないと思っていたのだ。

その後の事態の展開を受けて、八月二日の午前から午後に続く閣議で、グレイは「フラン

図P－5「ドリアン・グレイの肖像」（オーストリア）。同名のオスカー・ワイルドの小説の主人公グレイ（Gray）と外相グレイ（Grey）を掛けて、小説の内容とも重ね合わせている。グレイ外相は肖像画の中に、醜い血染めの真実の自分を見るのである。

スが苦難の極みにある時に助けないとしたら、私は外務省に居続けることができない」と進退をかけてフランス支援を訴えた。この閣議で、ドイツ海軍がフランスの船舶輸送や海岸線を脅かした場合、イギリス海軍が防衛する旨をフランス側に伝えることが決まる。また、閣議では、ベルギーの中立が侵犯された場合、必要な措置を取ることも確定する。これでイギリスの参戦は決定的になった。

三日朝には、ベルギーからドイツの最後通牒を拒否する意向が伝えられる。閣議では陸海軍の動員を決定した。サライェヴォ事件後、一時は危機の回避に動いていたグレイは、議会でベルギーの中立を守る条約義務に触れ、参戦を促す演説をする。ただ、閣僚にはまだこの段階でも、イギリスの参戦は海軍のみと考える者も何人かいたのである。

グレイはこの日の夕刻、「ヨーロッパ中の灯りが消えてゆく。我々が生きている間にそれらが再び灯るのを目にすることはきっとない」と嘆いたとされる。しかし、グレイ自身は一九二五年の回顧録で、人口に膾炙《かいしゃ》したこの発言について思い出せないと述べている。

翌四日、ドイツ軍は中立国ベルギーに侵攻する。それを知ったイギリス政府は、ドイツに対して撤兵を要求する最後通牒を発した。この日の夜一一時、最後通牒の回答期限は切れ、英独両国は交戦状態に突入した。

小国ベルギーの救援は、イギリスの参戦理由の一つである。しかし、それは口実に近く、実際はフランスを助けることとの方がより強い動機としてあったたろう。ただ、問題を複雑にしたのは、当時のイギリスにとって、フランスとつながるロシアが潜在的な脅威だったことだ。とくに中東、中央アジアやインドで、ロシアはイギリスの利益を脅かす存在であったからだ。

これまでの歴史家の多くは、イギリスは、ヨーロッパ大陸で一国（この場合はドイツ）が覇権を握るのを好まず、伝統的な勢力均衡策をとり、露仏側に立って参戦したと説明してきた。

しかし、よりグローバルに見るとどうだろう。イギリスが参戦せずに露仏が勝ったとすれば、インドや地中海でのイギリスの利益は両国に脅かされる可能性がある。いささか皮肉なことに、イギリスにとって、ドイツは海外での大きな脅威にならないが、露仏はそうではない。ただ他方で、ドイツが勝ってしまうと、大陸でイギリスは友邦フランスを失ってしまう。大陸でフランスという友邦を確保したうえで、ロシアに恩を売り、海外における権益を保持する最良の策は、ドイツと戦うことだと判断したとも言えるのだ。

開戦後、ドイツ、オーストリアと同盟していたイタリアは、早々と中立を宣言して、洞ヶ峠を決め込んだ。かくしてヨーロッパでは、独墺の中央同盟国（中欧同盟国とも、同盟国とも呼ばれる）側と、露仏英にセルビア、ベルギー、モンテネグロを加えた連合国（協商国とも呼ばれる）側との間で、後世が第一次世界大戦と呼ぶ戦いが始まったのである。

第1章　一九一四年
終わらなかった戦争

図1－1

図1－2

図1－1「我らが7人の敵」（ドイツ）。

図1－2「大小ウィリーの引っ張りっこ」（イギリス）。

8月中に日本が参戦し、ドイツの敵は7ヵ国に。左の図では、7人の小人ならぬ7人の敵（右から、フランス、ロシア、セルビア、モンテネグロ、日本、イギリス、ベルギー）にドイツ兵が1人立ち向かい、槍を奪って串刺しにする。兵士がかぶっているのは、角のような頭立のついたドイツ軍将兵の軍帽のピッケルハウベ。革製であったため頭部を十分に保護できず、1916年からは鉄製で耳をおおうデザインのヘルメット（シュタールヘルム）に切り替えられた。右の図では、初めは大小ウィリー（カイザーと息子のヴィルヘルム皇太子）がフランスだけと引っ張りっこをして楽しんでいるが、フランスに、右からベルギー、イギリス、ロシア、日本が加勢して不利となり、カイザーは「不公平だ！」と叫ぶ。この作者であるハッセルデンの大小ウィリーのシリーズは終戦後まで続く。

「勇敢で小さなベルギー」という神話

まずは、ドイツ西方の西部戦線（ベルギーからスイス国境にまで及ぶ戦線）の動きから見ていこう。

開戦前に、ドイツ皇帝ヴィルヘルム二世は、イギリスのグレイ外相に言っている。「余が、いつ何時でも、動けと余の軍に下令するだけで、それで二週間以内に――余の言葉に印をつけよ、二週間以内にだ――余の軍はパリにいる」と。二週間は誇張だとしても、四〇日以内（六週間とも言う）にフランスを屈服させるべく、ドイツはシュリーフェン計画を始める。

一九一四年八月二日の午前一時頃、ドイツ軍は、ドイツ・フランス・ベルギーの三国に囲まれた交通の要衝で、ドイツの鉄道網に組み込まれていたルクセンブルク大公国に侵攻し、支配下に置く。同じ日、ベルギー駐在ドイツ大使は、ベルギー政府にドイツ軍の自由通行を要求する最後通牒を発する。自由通行を受け入れれば、損害賠償や賠償金の支払いも約束するものであった。

ベルギー国王アルベール一世は、前年の一一月六日にベルリンで、カイザーとモルトケから、次の戦争の時にベルギーはドイツと運命をともにすべきだという警告を受けていた。ゆえにドイツの侵攻はある程度は予期していたと言えよう。アルベール一世はもともとドイツ系で、母親はカイザーの親戚であったし、王妃はドイツのバイエルン公の家系である。また、

図1－3「すごいぞ、ベルギー！」（イギリス）。少年ベルギーが、「通り抜けお断り」と記された門の前に立って、こん棒を握った年寄りのドイツ（ソーセージとバイエルンのパイプがドイツ的）に対峙している。タウンゼントの著名な作品で、小国ベルギーへの同情を如実に示す。

ベルギー国民の多くはカソリックで、フランツ・フェルディナント（ハプスブルク家はカソリック）の暗殺ではオーストリアに同情的でもあった。

しかし、王室の血筋や宗教的な親近感よりも国民意識は高く、ベルギー国民はドイツ軍に対する抵抗を支持していた。ベルギー政府の閣議ではドイツの要求の拒否を決め、三日にその旨を通告する。四日、ドイツ軍はベルギーに侵攻し、ベルギー政府はイギリスに救援を求めた。一二万に満たないベルギー軍は、リエージュ要塞に立てこもるなどして、ドイツ軍（第一・第二軍だけで約五八万人）に立ち向かう。

ベルギーの抵抗には、軍のみならず市民も参加したと言われてきた。しかし、現在の研究では、ベルギー市民による武力を用いた抵抗はほとんどなかったのではないかと言われている。たとえば、ベルギー南部のディナンでドイツ兵が撃たれ、これを理由にドイツ軍がこの地で六七四人の市民を殺害した事件がある。だが、この銃撃はベルギー市民によるものではなく、ムーズ川対岸のフランス兵に狙撃されたのを誤認したものだと思われる。

ゲリラ的抵抗に遭ったとして、ドイツ軍は各地で五〇〇〇人を超えるベルギー市民を殺害した。残虐行為がなされた背景には、疲れ果てて敵の攻撃に怯《おび》える兵士の軍規の乱れがあったとされる。だが、それだけでなく軍の上層部が作戦遂行を急ぎ、占領地での反乱を未然に防ぐために、このような行為を黙認した事情もあると言えよう。

市民の虐殺は元より、ドイツ軍は貴重な書物を収めたルヴァン大学の図書館に火をつけるような「非文明的な行い」に及んだ。また、若い女性が暴行されたとか、幼児が腕を切り落とされたとか、神父や尼僧が処刑されたなど、真偽は別とした情報が出回っており、それらは連合国のプロパガンダの格好の題材となり、広められて反ドイツ世論を煽った。「勇敢に戦う小国ベルギーの悲劇」は、中立を守るアメリカや、さらに日本にまで伝えられ、ベルギーへの同情を強めた。

ドイツ軍はベルギー通過に手間取り、四〇日でフランスを屈服させるという作戦は危機に瀕《ひん》した。最終的にドイツ軍は予定をはるかに上回る兵員と火力を投入して、一六日にリエージュ要塞を落とし、二〇日にブリュッセルに入城、次いで二五日までにナミュール要塞を陥落させる。ベルギー軍主力はアントワープに防衛線を敷き、ドイツ軍に対峙した。国王アルベール一世は、軍の最高司令官として軍主力と行動をともにしていた。

シュリーフェン計画は、もともと兵站《へいたん》に弱点があった。ベルギーの破壊工作で、橋や鉄道は壊されていた。また、トラック輸送はまだ一般的でなかったので、鉄道のない地域での輸送は人馬に頼らざるを得ないし、ベルギーに侵攻したドイツ第一軍（三二万人）は、避難民であふれる道を一日平均二〇キロメートル以上も進まなければならなかった。しかし、ベルギーの主要要塞を攻略したことで、シュリーフェン計画は再び軌道に乗ったのである。

フランス軍の「幸運な敗北」

ドイツ軍がシュリーフェン計画を実施し、ベルギーに侵攻している間、フランス軍は何をしていたか。フランスには作戦計画「プラン17」があった。これは独仏戦争で大部分がドイツ領に編入されてしまったアルザス＝ロレーヌ地方を奪還し、ドイツ中央に攻め込む、言わば正面突破の計画である。総司令官となったジョフルは、計画に基づく「国境の戦い」を早くも八月六日に始めた。八日にフランス軍はアルザスの一部を「奪還」し、フランス国民の士気は大いに高まる。しかし、すぐに争奪戦が繰り広げられ、最終的にはドイツ軍に奪い返されてしまう。

八月一四日、フランス軍の精鋭とも言うべき第一軍・第二軍は、ドイツ領ロレーヌで攻勢を開始した。攻撃精神に満ちた指揮官は、コンクリートで要塞化されたドイツ軍陣地に無謀とも言える突撃を命じ、膨大な死傷者を出す。フランス軍では、ナポレオンに由来する攻勢・攻撃こそが伝統的にフランス人に適した戦い方だと信じられていたが、ドイツ軍の火力と防御の前に裏目に出たのである。ただ、二〇日から反撃に出たドイツ軍も、大きな損害を被り、死傷者はそれぞれ二〇万人とも言われる。

フランス軍はアルザス＝ロレーヌの北、ベルギー南東部からフランスの一部を含むアルデンヌ高原でも、ドイツ軍を撃退しようとしたが、八月二二日、返り討ちに遭い退却する。また、ジョフルはベルギーに第五軍を差し向けていたが、二三日シャルルロアでドイツ軍に敗退してしまう。ドイツ軍はフランス領内へ雪崩《なだれ》のように攻め込む。

度重なる敗北で、ジョフルは早々と「プラン17」に見切りをつけた。これは正解であった。もし「国境での戦い」を長引かせて、フランス軍の主力がそちらにかかりっきりになっていたとしたら、ベルギー経由で回り込んできたドイツ軍右翼と、北や東の正面で相対するドイツ軍とに挟み撃ちにされる危険性は増しただろう。それが避けられた点でも、また反撃体制を整える上でも、一連の敗北は結果的に「幸運な敗北」だったとも言われる。

イギリス大陸派遣軍の登場

八月二二日朝七時、ベルギー南西部モンスの近郊で、ある中隊がドイツ兵の一団を攻撃した。それはクリミア戦争を除けば、イギリス兵によるヨーロッパの戦場でのおよそ一〇〇年ぶりとなる攻撃だった。この酸鼻を極める戦場に海を渡ってやってきたのは、ジョン・フレンチ司令長官が率いるイギリス大陸派遣軍（一九一四年には一五万人程度）である。

図1−4「我らの国はあなた方を必要としている！」（ドイツ）。キッチナーの徴募ポスター（元はアルフレッド・リーテ作の『ロンドン・オピニオン』誌9月5日号の表紙）のパロディ。中立国へのイギリスの呼びかけを皮肉る内容。

この戦闘を皮切りに、イギリス軍（本書では特記を要する場合を除き、イギリス植民地軍を含むイギリス帝国軍をイギリス軍と表記する）は、四年以上の泥沼の戦闘に巻き込まれる。この時点で彼らは、この戦いがそこまで長引くとはもちろん思ってはいない。

この頃、フランスに渡るイギリス兵には、特別なアドバイスが与えられていた。「常に礼儀正しく、思慮深く、親切であれ」といった常識的な内容から、不断に「ワインと女性の誘惑」に用心し、「すべての女性を完璧に礼儀正しく扱う一方で、深い関係は避けなければならない」などが含まれており、フランス側の失笑を誘っていた。このアドバイスを送ったのが、ホレイショ・キッチナー陸軍大臣である。

英独が交戦状態に入った八月四日の晩、アスキス首相は自らが兼務していた陸相にキッチナーを任命すると決めた。翌日、陸相に就任したキッチナーは政治家ではなく、ボーア戦争で国民的な人気を博した根っからの軍人であった。

この頃、ドイツでもフランスでも、主だった指導者の誰もが戦争は短期間で決着がつくと見ていた。これはイギリスでもそうで、陸軍の派兵を急いだのは、遅すぎる支援にしないためであった。

ところが、戦争の早い段階で長期戦を予想していた者がいた。それがキッチナーである（近年の研究では、モルトケもそうだったと言われる）。彼はヨーロッパ戦争は長引き、おそらく三年は続くと予想した。そこで、イギリス大陸派遣軍に加えて、ヨーロッパ列強の陸軍に匹敵する大陸軍を創設する必要があると考える。当時のイギリスには徴兵制がなかったので、志願兵が募られた。その際に用いられたのが、元は雑誌に掲載されたものを転用したキッチナーが指差すポスターである。これはさまざまなヴァリエーションやパロディを生み、大戦期にもっとも知られたアイコンの一つとなった。

マルヌの奇跡

ドイツ軍は西の国境から、斧を振り下ろすように攻め込んでいた。斧の先から、順番に第一軍から第五軍まで並ぶ。ドイツ軍の右翼（第一〜三軍）は、ベルギーを通過し、第四・第五軍はルクセンブルクを経て、それぞれ敵の抵抗を退けながらフランス北東部を南下して行く。斧の先端、ドイツ軍の最右翼の第一軍は、八月二三日から二四日、モンスでイギリス軍を打ち破り、その隣りの第二軍も二三日にシャルルロアでフランス第五軍を撃退し、フランスに入る。イギリス軍、フランス軍は退却する。

二五日、モルトケは東部戦線で予想以上に早くロシア軍が進攻してきたため、二個軍団(一軍団は通常二個師団の規模で四万人程度)を第二軍・第三軍から引き抜いて東部戦線に送った。ドイツ軍の右翼はこれで手薄となり、後の戦いに影響する。ただしこの頃、ドイツの将軍たちには、フランス軍は「敗走」を始めていると見えていたようで、カイザーも緒戦の勝利に酔っていた。

ドイツ側が勝利を手中に収めつつあると考えていた時に、ジョフルは着々と巻き返しを図っていた。彼は西にいた軍団を大急ぎでパリ周辺に鉄道で移動させ、予備師団を加えて急造で第六軍を編成した。また彼は人事でも大鉈をふるった。二つの軍、一〇軍団の司令官と、七二の歩兵師団のおよそ半分の司令官を免職したのである。その数は九月六日までに五八人に及ぶ。さらにジョフルは戦術も変更し、歩兵に遠距離からや機が熟さないうちに突撃させることをやめさせる。そして、火砲を攻撃のみならず攻撃準備にも用いるようにした。フランス軍の七五ミリ野砲による榴散弾《りゅうさんだん》(多数の散弾を詰め、空中で炸裂する)の掃射は、攻めてくるドイツ軍に対して機関銃以上に有効だった。ジョフルは退却をやめて、九月六日に大規模な反撃を開始することを決めた。

九月二日、ドイツ第一軍はパリの東のマルヌ川に達し、騎兵の偵察隊はパリ近郊に入った。ドイツ軍が迫ったため、同じ日、フランス政府はパリからボルドーに疎開する。ただ、ドイツ軍の右翼はベルギー通過に手こずり、相当の損失を被っていた。ベルギー軍の反攻に備えるため軍の一部を残して戦力もダウンしていた。また、兵士も大回りで長い距離を行軍してきたため、疲れ果てていた。なかでも第一軍は、パリの北東に位置する新設のフランス第六軍の脅威に対処する必要からそこ（自軍右側面）に予備軍を置き、隣りの第二軍との間が開いてしまっていた。

航空機偵察でそのギャップに気づいたジョフルは、退却してパリの東に陣取っていたイギリス軍のフレンチにその間を進み、ドイツ第一軍の左側面を攻撃するよう要請した。フレンチも了承する。仏英軍はドイツ軍に立ち向かう準備を整えた。

九月五日、フランス第六軍はドイツ第一軍の右側面を攻撃した。六日から他の地域でもフランス軍は反撃を開始し、パリ近郊からヴェルダンにいたる長い戦線で独仏両軍の激しい戦闘が始まった。

図1－5「2人のモルトケ」（ドイツ）。モルトケ参謀総長が握手しながら、伯父の大モルトケ（ベルリンの彫像の台座から降りている）に言う。「お別れです、伯父さん。——我々はやります」。8月半ばの時点で、伯父と同様に対仏戦に勝利することを願うモルトケを描いている。そうはならなかったが。

このマルヌの戦い（マルヌ川近辺で戦われたのでそう呼ぶ）で注目されるのは、ドイツ第一軍・第二軍の動きである。第一軍の司令官アレクサンダー・フォン・クルックは、右側面に攻撃を受けて主力を西側のフランス第六軍に向かわせた。さらに八日、ドイツ第二軍の司令官は、実際は第一軍に向かっていたイギリス軍を自軍に対する脅威と感じてその右翼を後退させた。そのため隣り同士の両軍の間のギャップは三〇キロメートルにも広がってしまった。イギリス軍はその間隙をゆっくりと進んでいた。

ルクセンブルクに移動したドイツ軍最高司令部で、モルトケは戦況がわからず、不安にかられ、八日朝、情報部長のリヒャルト・ヘンチュ中佐を各軍に派遣した。車で東の第五軍から回り夜の八時頃に第二軍に着いたヘンチュは、第二軍の兵が疲弊しきって士気も低下していることを知る。仏英両軍の大規模な突破を恐れ、第二軍の司令官は第一軍との隔たりを埋めるため、両軍が合流できる線までの撤退を考えていた。ヘンチュは中佐に過ぎなかったが、モルトケの代行として両軍を合流させるための退却であれば命令できる権限を与えられていた。

翌朝、ヘンチュは第一軍に赴いたが、クルックは攻撃を促すためにすでに司令部を出払ってしまっていた。ヘンチュは第一軍参謀と激論を交わした末、退却命令を下した。第一軍、第二軍ともエーヌ川後方まで退却し、マルヌの戦いは一二日に終わった。

この退却は、後に論争の的となった。ある者は、クルックはフランス第六軍を撃退寸前まで追い込んでおり、ドイツ軍は最高司令部の誤った判断で勝機をみすみす逃したと言う。ただクルックが攻撃を続けていたら、前進してきたイギリス軍が第一軍を左後方から攻撃して、挟み撃ちにしたかもしれないのである。

いずれにしろドイツ軍は勝利を逃し、四〇日でフランスを屈服させるというシュリーフェン計画は失敗に終わった。もっとも、ドイツ軍は決定的な敗走を強いられたのではない。退却地点（エーヌ川沿い）で仏英軍の攻撃をしのいで踏み止まり、ベルギーの過半と、石炭や鉄を生産する重要な産業地帯であったフランス北東部を占領していた。

図1－6「寡黙の人ジョフル」（フランス）。マルヌの英雄ジョフル。「彼は何も言わないが、誰もが言うことを聞く」とキャプションにある。ジョフルは寡黙で知られていた。左上では、鶏（フランス）が鷲（ドイツ）を負かしている。作者レアンドレは著名なフランスの肖像画家にして諷刺画家。

しかし、モルトケの指導力には疑問が残った。後世の批判の一つは、モルトケがシュリーフェンの重視したドイツ軍全体における右翼の強化を怠り、おまけに作戦中に東部戦線に軍団を回して右翼をさらに弱体化させてしまったことに向けられた。ただ一番の問題は、ルクセンブルクという遠い場所にいて、直接指揮を執らなかったこ

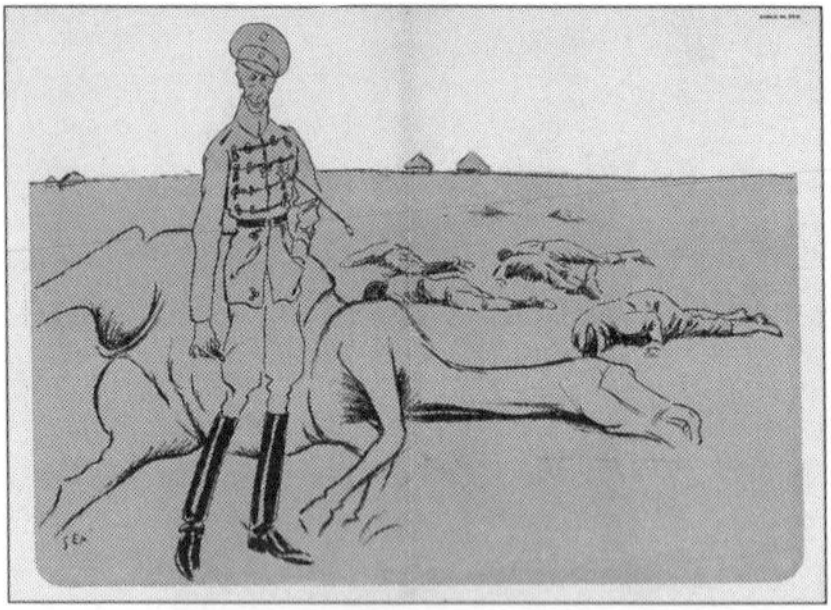

図1－7「敗者」（フランス）。マルヌの敗者。名前はないが、ドイツ第5軍司令官のヴィルヘルム皇太子に見える。人馬の屍が横たわっている。

とであろう。とくに退却という重大な決定を一介の中佐に任せたことにカイザーは怒っていた。

一方、気息奄々《きそくえんえん》であったフランス軍はこの戦いで戦線を押し戻し、決定的な敗北を免れた。その意味では仏英連合国軍の勝利と言える。しばしばこの戦いは「マルヌの奇跡」と呼ばれたが、その勝因の一つにはジョフルが逆境にあっても冷静沈着で、フランス軍を巧みに立て直したことにあったと言えるだろう。

軍事史家のストローンは「フランスは救われた。フランスの目から見れば、マルヌは奇跡であり、ジョフルは新たなナポレオンであった」と書いている。連合国はマルヌの勝利を大々的に喧伝《けんでん》した。

神経衰弱のモルトケを解任

緒戦の勝利に気をよくし、マルヌの戦いの前には、決して退却はないと明言していたカイザーは、激怒する。彼は使者を送り、病気を理由として九月一四日にモルトケに対して事実上の指揮権剥奪を伝えた。開戦時に誰もが恐れたのは、カイザーによる作戦への介入であった。しかし、カイザーは開戦後すぐの八月初めに、作戦面には介入はしないと請け合い、律儀にそれを守っていた（その点、後に述べるツァーとは違う）。

ただ、人事については別だった。とくに陸軍参謀総長の任免は、伝統的に自身の裁量の範囲にあり、その決定は必ずしも年功や内閣の推薦に左右されないと考えていた。実際、軍団レベルの参謀経験すらないモルトケが一九〇六年に参謀総長に任命されたのも、友人である彼を取り立てたいカイザーの意向が強く働いていた。

図1－8「ファルケンハイン」（ドイツ）。この肖像は、後に軍司令官として戦功を挙げた時のもの。見栄えもいい。

そして今度は、旧友モルトケを切り捨てるべく、カイザーは動いたのだ。モルトケはすでに七月危機の頃から情緒不安定で、戦況が芳しくなくなると、一層の神経衰弱に陥っていた。

新たに西部戦線で指揮を執るのは、プロイセン陸軍大臣のエーリッヒ・フォン・ファルケンハインである。司令官の多くも交替になり、なかには自分の知らないうちに退却命令を出されたクルックも含まれていた。モルトケが参謀総長を正式に辞するのは一一月三日であるが、カイザーは何ら後悔する様子を見せなかったという。その後、モルトケは一九一六年に脳卒中で亡くなった。六八歳だった。

戦う君主アルベールと戦えないチャーチル

西部戦線に再び勢いを与えるため、ドイツ軍の指揮を委ねられたファルケンハインはどのような人物であったろうか。彼は、将軍たちの中では五三歳と若く、見栄えが良く、自信に満ちていた。彼は中国での軍歴が長く、参謀としては直接シュリーフェンの影響を受けていなかったが、すでに破綻を来たし始めていたシュリーフェン計画を引き継ぎ、西部戦線での迅速な勝利をめざした。そこでベルギーが再び、攻撃の中心になった。

ファルケンハインは、フランダース地方に狙いを定めたうえで、その前にドイツ軍の一部を釘づけにしていたアントワープを叩くことにする。アントワープは幾つもの堡塁《ほうるい》(コンクリートなどで築いた砦《とりで》)を擁する要塞で守られてはいたが、老朽化していた。ベルギーから救援要請を受けても、ジョフルは十分な戦力を送らない。ドイツ軍は九月二八日から砲撃を始めた。攻撃が強まり、ベルギー軍は一〇月三日に第二防衛線まで退却する。軍の司令官でもあった国王アルベール一世は、最後まで軍と行動をともにすると言い張り、周囲を困らせる。

事態の急展開に驚いたのはイギリスである。かつてナポレオンが「イギリスを狙うピストル」と呼んだように、イギリスはアントワープを戦略的に非常に重要だと認識していた。緊急の会議で、要塞守備のためのイギリス軍の増強とともにチャーチル海相自らが現地に赴くことになった。

三九歳と若く、血気盛んなチャーチルは、海兵師団と一緒にアントワープに到着するとベルギー政府に撤退を待つよう交渉し、アントワープ防衛のためのイギリス軍の増援計画を練る。軍歴もあるチャーチルは、一〇月五日、アスキス首相に、現地の司令官になるつもりで海相辞任を電報で申し出る。チャーチルの電報が読まれると、閣議では哄笑《こうしょう》がわき起こった。キッチナーはチャーチルに中将の地位を与えて司令官にすることに乗り気だったが、アスキスは帰国を促し、チャーチルは従う。アントワープ陥落は、時間の問題になっていた。

アルベール一世は王妃の説得を受け入れて、ドイツ軍の攻囲が不完全であったことにも助けられ、軍を引き連れて政府とともに七日にアントワープを去った。最後の一弾はアルベール自らが放ったとも言われる。その後、アルベール一世は寸土であってもベルギーに踏み止まることが決定的に重要と信じて留まり、指揮権をめぐってフランス側と揉めた。最終的にベルギー政府はフランスのル・アーヴルに避難した。

この後、アルベール一世は北フランスで亡命生活を送っていた一九一五年から一六年の冬に、ベルギー政府には内密のままドイツ側の外交使節と単独講和の条件をめぐって話し合った。ただ、検討は行われたものの、話し合いはまとまらなかった。

図1－9「征服されざる者」（イギリス）。カイザー（右）が「さあ、見よ。そなたはすべてを失った」と言うと、アルベールが答える。「魂は失っておらぬ」。『パンチ』誌の諷刺画家パートリッジの作。

一〇月一〇日、ドイツ軍はアントワープを占領した。カイザーは興奮し、それが戦争の転換点となると信じて、「イギリス海峡の向こう側の余の親戚たち［イギリス国王や貴族のこと］は狼狽《ろうばい》するだろう」と大いに満足した。しかし、実際に転換点となることはなかった。閣僚、しかも海相が戦地に赴くというチャーチルの行動は批判も受けたが、アントワープでの抵抗のおかげで、パリ近郊にいたイギリス派遣軍はフランダースとイギリス海峡地域に移動する時間ができたと好意的に評価する歴史家もいる。

次いでドイツ軍は、ベルギーのヘント、フランスのリールを手中に収める。ドイツ軍の次の狙いは、イギリス海峡の港湾都市、とくにフランスのカレーを手に入れ、イギリス軍が簡単にフランスに渡れないようにすることだった。その行く手に立ちふさがっていたのが、ベルギー西部フランダース地方の都市イープルである。

イープルから塹壕戦へ

イープルとその周辺地区は、第一次世界大戦における激戦地の代表とされている。第二次世界大戦で言えばスターリングラードに相当するだろう。しかし、スターリングラードのように最初から激戦が予想されていたわけではない。

ファルケンハインはカイザーに、イープルは一週間もあれば落とせると確約した。イープル総攻撃が開始された一〇月三〇日、カイザーはわざわざ前線に赴き、大規模な砲撃を目にする。しかし、イギリス軍とフランス軍は頑強に抵抗し、二週間かかってもイープルは陥落しない。ドイツ軍の兵員の損耗（死傷者・行方不明者）は八万人にも及んだ。

一一月半ばには、カイザーもイープル攻略が不可能であることを悟った。イープルの戦いは公式には二二日まで続くが、一三日に事実上終わる。その後もイープルでは何度も決戦が試みられたので、この最初の戦いは第一次イープル戦と呼ばれる。

マルヌ会戦後、イープルでの戦いも含めて、西部戦線で起こったことは、しばしば「海への競走」と呼ばれる事態であったが、両軍とも単にイギリス海峡をめざしたのではない。両軍とも敵軍の空いている側面を突こうとし、一方で圧倒的な敵の砲火に耐えるために塹壕《ざんごう》を構築して行ったため、結果的に一一月にはスイス国境からイギリス海峡まで全長七五〇キロメートル以上に及ぶ、双方が塹壕で対峙する西部戦線が構築されたのである。塹壕に守られて兵士の損耗は抑えられるようになったが、戦局は膠着《こうちゃく》する。

一一月二五日、ファルケンハインは西部戦線のドイツ軍に防御態勢を取るように指令する。こうして持久戦が始まったが、ファルケンハインの考えでは、これは新たな攻勢に向けて戦力を蓄えるためであった。ドイツ軍にとっても、英仏軍にとっても、この時点では塹壕戦はあくまでも便宜的なものにすぎず、戦略の基礎とは考えられていなかった。

タンネンベルク——英雄コンビの誕生

時計の針を開戦直後にまで戻し、次は東部戦線（ドイツ・オーストリアの東側、バルト海からカルパティア山脈に及ぶ戦線）を見てみよう。ドイツの予想よりも早くロシア軍は動き出した。負担を少しでも軽くするため一刻も早くドイツを攻撃してほしいという、フランスからの要請に応えたのである。数に勝るロシア軍は、ドイツ領の東プロイセンでドイツ軍を、ガリツィアでオーストリア軍を攻撃する。

八月上旬、ロシア軍は当初の総動員の目的であったセルビア支援を後回しにして、ロシア領のポーランド（この頃、ロシア、ドイツ、オーストリアに分割・支配されていた）やリトアニアからベルリンに向けて直接攻撃を行うことにした。総動員から一六日目に当たる一五日、パウル・フォン・レンネンカンプが指揮するロシアの第一軍は北から、アレクサンドル・サムソノフが指揮する第二軍は南から、東プロイセンへの侵攻を開始する。

西部戦線に戦力の九割を割いていたドイツ側は、想定より早いロシア軍の動きに驚く。ロシアの二個軍は、東部戦線におけるドイツ軍のおよそ二倍の兵力を有し、第一軍は緒戦で勝利を収めた。この地を守っていたドイツ第八軍司令官はパニックに陥り、電話でモルトケ参謀総長に退却を進言してきた。その振る舞いに対し、作戦部門から不安視する声が上がり、モルトケは第八軍の弱気な司令官を交代させる。後任は、普墺・普仏戦争の経験者で退役していた六六歳のパウル・フォン・ヒンデンブルクであった。また、第八軍の参謀長に、ベルギーのリエージュ要塞戦ですでに勇名をはせていたエーリッヒ・ルーデンドルフが充てられる。

大戦期ドイツの英雄コンビは、ここに誕生した。二人はそれまで面識がなく、初めて会ったのは二三日早朝のハノーヴァー駅のプラットフォームであった。

ルーデンドルフはブルジョア階級出身の野心家で、幸運も味方につけていた。リエージュ要塞戦で、彼が豪胆にも少数で奪取したとされる砦は、実は無防備な状態のものであった。それと同じような幸運が、東部戦線でも起こる。ヒンデンブルクとルーデンドルフの着任時に、すでに作戦参謀のマックス・ホフマン中佐が大胆な作戦を考えていた。彼は日露戦争時に戦上手《いくさ》で知られる黒木為楨《ためもと》が率いた第一軍の観戦武官を務めた経験も持つ、ドイツ軍きっての対ロシア戦の専門家である。彼は日露戦争時の経験から、ロシア軍の無線の扱いのずさんさ、両軍司令官の仲の悪さなどを視野に入れて作戦を練った。

ドイツ軍は無線の傍受により、北のレンネンカンプのロシア第一軍がすぐには動かないと

図1－10「タンネンベルクの戦い」（ドイツ）。戦争画。高台に立つのは、ヒンデンブルクとルーデンドルフ（右）。

判断する。そのため、部隊を多少残しただけで、第一軍団を鉄道で南に移動させてロシア第二軍の西側につけ、その他の軍は徒歩で南下させて、第二軍を包囲する作戦を取る。レンネンカンプは目前の敵が手薄になったことに気づかない。また、ロシア第二軍のサムソノフは敵が包囲を企てているとは夢にも思っておらず、二六日の段階で勝利を確信していた。第二軍の北側はドイツ軍から攻撃を受けていたのだが、翌日になってもサムソノフはドイツ軍の勢力を過小評価していた。

　ドイツの第八軍第一軍団の司令官ヘルマン・フォン・フランソワは、二七日に集中砲火を浴びせた後、ロシア第二軍の戦線を突破する。さらにルーデンドルフの命令を無視して進撃し（緒戦でも独断で攻撃して戦果を挙げている）、敵の退路を断つ形で南に包囲網を形成した。ドイツ軍は西と北からもロシア第二軍を包囲したが、翌二八日にサムソノフはなおも前進を命じて、自ら包囲殲滅の「罠《わな》」にはまって行く。彼が危機的状態に気づいて撤退を命じた時にはすでに遅く、第二軍は総崩れに陥る。二九日、三日前には勝利を手中にしたと思っていたサムソノフは、森に入って自決した。

この戦いは、一四一〇年にチュートン人騎士がポーランド軍に敗れた古戦場が近くにあったので、その地名にちなんでタンネンベルクの戦いと名づけられた。タンネンベルクは主戦場とならなかったが、歴史的記憶を喚起するにはうってつけの場所だったのである。

タンネンベルクの戦いは、ドイツ軍の大勝利であった。八月三一日までにロシア軍は五万人の死傷者を出し、九万二〇〇〇人が捕虜となっている。およそ一五万のロシア第二軍で残ったのは一万人にすぎない。対してドイツ軍の死傷者は、一万から一万五〇〇〇人と言われる。タンネンベルクの戦功は、その直後のマルヌの敗北を覆い隠す意図もあって華々しく喧伝された。ルーデンドルフに実質的な指揮をさせるため、お飾りとして据えられたヒンデンブルクは、国民的な英雄となる。それとともに「軍事的天才」としてのルーデンドルフの名も轟《とどろ》いた。

実際のところ、ルーデンドルフはホフマン中佐が計画した作戦に乗っただけで、フランソワの独断にも助けられている。軍事史家の中にはルーデンドルフの余計な作戦指揮がなければ、ドイツはもっと決定的な勝利を収められたと考える向きもある。その後、ドイツ第八軍は、残ったロシア第一軍を攻撃し、九月中旬には第二軍の敗北に浮足立った第一軍を東プロシアから追い出した。ヒンデンブルクは一一月には東部戦線の全ドイツ軍の指揮を委ねられる。

急場しのぎのロシア軍最高司令官

この頃、ロシア軍はどのような状態にあったのだろうか。実は、七月末に戦争が確実になった時にも、ロシア軍の最高司令官は決まっていなかった。当初、皇帝ニコライ二世は自身が務める腹づもりでいたが、七月三一日の大臣会議で強く押しとどめられた。負けた場合に身に危険が及ぶからである。翌日、打診を受けた陸軍大臣も断り、最後に白羽の矢が立ったのが、皇帝ニコライ二世の親戚（三代前の皇帝であるニコライ一世の孫）である皇族ニコライ・ニコラエヴィチ大公であった。

八月初め、ニコライ大公は最高司令官に就任した。長身でもあったので、背の低いツァーよりも見栄えは良かったが、大公は日露戦争にも従軍しておらず、ロシアにも一応はあった戦争計画「プラン19」についても精通していなかった。急場しのぎの感は否めない。おまけに、補佐する参謀はツァーがごり押しした指揮経験も乏しい人物で頼りなく、ロシア軍のスタフカ（総司令部）による作戦運営は主計総監が主導する有様であった。

このような人的な問題に加えて、組織的な問題もあり、スタフカは全軍を機能的に動かすことができなかった。さらにフランスからの早期攻撃要請を受けたニコライ大公は、「プラン19」の想定とは異なる新しい軍を編成して攻撃力を分散させてしまい、ロシア最大の利点である豊富な兵員（一九一四年で、現役兵一三〇万人、予備役兵四〇〇万人と言われる）を有効に生かせていなかった。おまけにロシア軍は、タンネンベルクでの手痛い敗北によって、戦闘でドイツ軍にはとても勝てないという劣等感を持ってしまう。しかし、オーストリア軍との戦いではそうはならない。

回転ドアと総退却——オーストリア対ロシアの戦い

オーストリア軍は、七月下旬の開戦当初はセルビアのみと戦う予定であったが、八月になってロシア軍とも戦うことになり、戦力を二分させた。オーストリア軍とロシア軍の指揮官は相手の意図をそれぞれ読み違える。八月中旬、オーストリア軍はロシア軍主力が北から攻めてくると考え、北上してロシア領ポーランドに進攻した。一方のロシア軍は、オーストリア軍が東から攻めてくると考え、オーストリア領の東ガリツィアに攻め込んだ。両軍は当初、「回転ドア」を通過するような形ですれ違ったのである。

ロシアのガリツィア進攻に驚いたオーストリア軍のコンラートは、あわてて第三軍をガリツィアに差し向けるが、大損害を被ってしまう。次いで投入した第四軍も、逆にロシア軍に包囲殲滅されそうになり、九月一一日、コンラートはガリツィアからの総退却を命じて一六〇キロメートルも西に撤退してしまう。オーストリア軍が息を吹き返すのは、九月下旬に新たに編成されたドイツ第九軍が加勢してからである。

一〇月、ドイツ軍はオーストリア軍とともにロシア領ポーランドに進攻し、同月半ばにはワルシャワに向けて進撃したが、退けられた。また、セルビアとの戦いでは、オーストリア軍は一二月初めに一時的にベオグラードを占領したが、すぐに奪取され、勝ち切ることができない。この後も、オーストリア軍は単独で勝ち切れず、ドイツ軍への依存を強めていく。

「黄禍」との戦い――青島攻略戦とカイザーの屈辱

ヨーロッパからはるか東にある日本は、日英同盟の「誼《よしみ》」から第一次世界大戦に加わった。イギリス外務省は八月三日、日英同盟協約に基づく参戦義務を求めることはありそうもないと日本に伝えていたが、イギリス海軍本部の見方は異なっていた。ドイツの租借地であった中国山東《さんとう》半島の膠州《こうしゅう》湾地域の青島《チンタオ》には、海外のドイツ海軍最大の基地があった。そこを拠点とするドイツ東洋戦隊は、香港のイギリス海軍と数では同程度だが戦力では勝っていた。

そのような事情から、八月七日、イギリスは中国近海でのドイツの仮装巡洋艦の捜索・撃滅を日本に依頼する。それを事実上の参戦依頼として、参戦に積極的であった加藤高明《かとうたかあき》外相はすぐさま大隈重信《おおくましげのぶ》内閣の合意を取りまとめた。

ところが、イギリスは日本側に青島攻略の意図があることを懸念し、九日、一〇日になって参戦依頼の取消しを打診してきた。グレイが日本の参戦に慎重な姿勢を取ったのは、太平洋を中立地帯にしておきたいアメリカの意向に配慮したためとも言われる。

ただ、アメリカ外交は、ウッドロウ・ウィルソン大統領が八月六日に夫人を病気で亡くしたこともあり、一時的ではあるが停滞を始めていた。一方の加藤外相は、すでに参戦決定をしており、中止すると政府は厄介な立場に陥り、さらに事情が一般に知られれば同盟にも多大な悪影響が及ぶ恐れがあるとグレイを説得する。こうしてイギリスは日本の参戦を認めた。

八月一五日、日本はドイツに最後通牒を突きつけた。その内容は日本・中国近辺海域のドイツ艦艇の即時退去と、ドイツの膠州湾租借地を中国に還付するために日本に引き渡すことである。回答期限は二三日正午。最後通牒としては異例の長さであったが、ドイツ側から回答はなく、同じ日に日本は対ドイツ宣戦布告を行った。

図1－11「ならず者第7号」（ドイツ）。膠州に手を伸ばす日本。7番目の参戦国なので、ならず者第7号。吊り目、反っ歯、短足の日本人ステレオタイプが用いられている。

青島の戦いは、第一次世界大戦の戦史で重きを置かれてはいないが、ドイツ、とくにカイザーにとっては、象徴的な意味で非常に重要であった。なぜなら、カイザーは一八九八年に中国膠州湾にドイツが植民地を獲得したことを、自らの帝国主義的な「世界政策」における最大の功績と考えており、膠州に強いこだわりを持っていたからである。戦いの前、カイザーは青島のド

図1−12「青島」(ドイツ)。「物語はここに終わりを告げる。これぞニーベルンゲンの災いである」と、キャプションにはドイツの国民的叙事詩『ニーベルンゲンの歌』の最後の一節が引用されている。敗れたドイツ兵を英雄化している。踏みつけられている日本兵の死骸からは、人種的憎悪が読み取れる。

イツ総督に「膠州を日本人に引き渡すことは、ベルリンをロシア人に引き渡す以上に余の面目を失わせるであろう」と伝えている。

おまけにカイザーは、黄色人種の連合の脅威を説く「黄禍《こうか》論」の主唱者でもあった。日本の参戦と、日本軍による青島攻略は、まさに「黄禍論」で懸念した事態が現実化しつつあるように見えたはずだ。

イギリスが青島攻略作戦への参加を希望したので、日本軍はわずかであるがイギリス軍を加え、連合作戦で青島を攻略する。九月の初め、日本陸軍は山東半島に上陸し、インド軍を含むイギリス軍も遅れてこれに続いた。日本軍はおよそ五万二〇〇〇名。これに対して、ドイツ軍はおよそ五〇〇〇名である。戦力に勝る日本軍が速攻をしかけてくるとドイツ側は予想したが、日本軍は要塞攻略の基本を守りじっくりと砲撃を中心にして攻め、一〇月三一日から総攻撃を開始する。

昼間は激しい砲撃を繰り返し、夜間は榴散弾などでドイツ軍が損害の修復や反撃をする暇を与えず、その間に歩工兵は要塞攻略のための塹壕を掘り進めながら攻撃を続けた。また、日本軍は、新兵器である航空機を、偵察のみならず爆撃にも用いた。一一月五日に砲弾が底をつき、ドイツ軍は七日、日本軍の堡塁への突撃を受け降伏した。青島はこのように攻略された。犠牲は少なかったが、カイザーの記憶には屈辱として刻まれる戦いとなった。

行方をくらますシュペー戦隊

一方、開戦後すぐにドイツ東洋戦隊司令官マクシミリアン・フォン・シュペー提督は、青島に見切りをつけた。八月中旬にシュペーの戦隊はマリアナ諸島のパガン島沖で補給を受け、長期の作戦を実行できるようになった。攻撃精神が旺盛な彼は、戦隊の機動力を生かして敵国の商船を拿捕《だほ》したり沈める通商破壊や、敵基地の攻撃をしながら、中南米のチリに向かうことを決める。

シュペーは日本参戦の事前警告を受け取り、八月一三日、中立国のチリに向かう方針を戦隊の艦長たちに告げる。すると、巡洋艦エムデンの艦長カール・フォン・ミュラーが異を唱えた。シュペーは、エムデンが戦隊から離れ、ベンガル湾に向かうことを認めた。エムデンと艦長らの「冒険」はここから始まったが、それは後に触れよう。

ドイツ東洋戦隊は行方をくらます。九月中旬、日本海軍はそれを追って、太平洋のドイツ領の島々であった南洋群島方面に出るが捕捉することができない。シュペー戦隊は九月には、中部・南太平洋で積極的な活動を始めていた。

一〇月初めから半ばにかけて、日本海軍は赤道以北のドイツ領の南洋群島（グアムを除くマリアナ諸島、マーシャル諸島、カロリン諸島など）を次々と軍事占領する。イギリス側も戦略上、また日本の軍事協力を将来にわたって確保するため、それを認めることにした。なお、大戦後にこれらの島々は、国際連盟の委任により日本が統治し、太平洋戦争で激戦が繰り広げられる。日本海軍は他にも、英連邦軍の輸送船団の護衛や、英連邦諸国の海上からの警備を実施し、一九一七年には地中海に特務艦隊を派遣した。

イギリス海軍は当初、行方をくらましたシュペー戦隊がインド洋に向かっていると誤認していた。ただ、シュペーは九月二二日にフランス領ポリネシアのパペーテを砲撃したので、南米に向かっていることを察知されてしまう。これを迎え撃つのはクリストファー・クラドック提督率いるイギリス海軍西大西洋南米戦隊であった。

シュペー戦隊の勝利と敗北

クラドックは海軍本部からシュペー戦隊を発見するよう命じられていたが、彼の戦隊は貧弱で戦力が不足していた。シュペーは一〇月一四日、イースター島で艦船を合流させ、無線信号を発する船を軽巡洋艦（小型で速力はあるが、装甲・火力は劣る）一隻のみにして、戦力が分散している印象を与えようとした。マゼラン海峡を回って来たクラドックは、この策略に引っかかる。力が足りないクラドックの戦隊でも、敵が一隻ずつなら相手にできると考えたのである。

一一月一日、大型で厚い装甲を持つ装甲巡洋艦二隻と軽巡洋艦三隻からなるシュペー戦隊は、イギリスの軽巡洋艦一隻を発見したが、他の艦船は見つけていなかった。数でも装備（火力）でもシュペーが勝り、クラドックに勝ち目はない。クラドックは海戦を回避することもできたのに、果敢に戦いを挑んだ。太陽を背にしていたので、逆光でドイツ側の砲撃が惑わされると判断したのである。

しかし、速力で勝るシュペー戦隊は慎重に距離を取り、午後七時、日没後に接近して砲撃を開始した。クラドックの旗艦である旧式の装甲巡洋艦は、砲撃を始める前に砲弾を受けて炎上して沈没してしまう。クラドックは艦と運命をともにした。もう一隻の装甲巡洋艦も二時間後に海の藻屑《もくず》となって消える。シュペー戦隊の圧勝だった。

このコロネル沖海戦での敗戦の報せを受けて、イギリス海軍の作戦・用兵のトップである第一海軍卿ジョン・フィッシャーは、海軍本部にいた自身に敵対する派閥のダヴトン・スターディー提督に敗戦の責任を負わせようとした。しかし、チャーチルが反対し、逆にスターディーは北海方面にいた巡洋戦艦（大口径砲を持ち、戦艦より装甲は劣るが速力は速い）を二隻与えられて、司令官としてシュペー戦隊掃討を任された。スピードと長射程の砲を兼ね備

図1－13「フォークランド諸島」（ドイツ）。沈む旗艦のマストで、水兵は拳を突きだし、司令官シュペーはVサインを挙げて描かれ、英雄化されている。遠景にはイギリス海軍と日本海軍（戦闘には不参加）の軍艦が見える。

えた巡洋戦艦は、もともとフィッシャーの構想によって建造されたものである。

ドイツ側は二隻のイギリスの巡洋戦艦が南に向かったことに気づいたが、シュペーに知らせる術《すべ》はなかった。スターディーの艦隊は、一二月七日の朝にイギリス領フォークランド諸島に着く。

チリで給炭してから大西洋に回ると、シュペーは逃げ回る作戦は取らず、イギリス艦隊がいないという情報を信じて、フォークランド諸島に攻撃を行うことにする。一二月八日、シュペー戦隊は島に近づいたが、敵艦を発見してすぐに退避する。この時、スターディーの艦隊は給炭に取り掛かっていたので、早い時間に奇襲攻撃を行っていたら甚大な被害を与えられたかもしれない。

スターディーは冷静に二隻の巡洋戦艦と軽巡洋艦に高速での追尾を命じる。シュペーは十分逃げ切れると考えていたが、フィッシャー肝いりの巡洋戦艦は速い。追いつかれたシュペーは、戦隊を戦う装甲巡洋艦と逃げる軽巡洋艦の二手に分けた。二隻の装甲巡洋艦はイギリスの巡洋戦艦に立ち向かった。しかし、イギリス側は巧みで、ドイツの主砲の射程に入らないように距離を保ちながら、長射程の砲で攻撃をしかける。イギリスの巡洋戦艦はその長所を十分生かし、ドイツの装甲巡洋艦はまったく歯が立たず、二隻とも撃沈された。分かれて逃げた他の軽巡洋艦も二隻が沈められ、一隻のみが逃げおおせた。シュペーは、他の艦に別々に乗っていた二人の息子とともに戦死した。イギリス側の損害は軽微だった。

フォークランド沖海戦は、イギリス海軍の圧勝に終わった。戦功を手にしたのは敵対派閥のスターディーであったが、これは巡洋戦艦を建造させたフィッシャーの勝利でもあった。もっとも巡洋戦艦の長所が常に生かせるとは限らないことは、後のユトランド沖海戦で明らかになる。

戦死者と犠牲の記憶

一九一四年の八月から一二月までの五ヵ月の戦いで、膨大な死傷者・行方不明者が出たことが現在の研究では明らかになっている。しかし、戦意に影響するため、当時は必ずしも明らかにされていなかった。戦死者に限っても、フランスで二六万五〇〇〇人、ドイツで一四万五〇〇〇人と言われる。

なかでもフランス軍は、八月だけでも八万人、九月初めで八〇〇〇人、マルヌの戦いで二万五〇〇〇人の戦死者を出したとされる。一年半に及んだ日露戦争での日本軍の戦没者数は

図1－14「燃料を使い尽くして」（イギリス）。カイザーが兵を炉にくべている。説明には、ドイツ軍の密集隊形による集中攻撃が大量の犠牲を生んでいるとあるが、連合国の犠牲も大きい。作者はイギリスを代表する諷刺画家Ｆ・Ｃ・グールド。

およそ八万八〇〇〇人（戦死者は五万六〇〇〇人弱）であるから、開戦二ヵ月弱でフランスは日露戦争の日本軍をはるかに上回る戦死者を出していたのである。

行方不明者の多さも目立つ。たとえばマルヌの会戦が行われた九月の西部戦線でのドイツ軍の行方不明者は四万六〇〇〇人で、戦死者の二万六〇〇〇人をはるかに上回っていた。行方不明者の大半は捕虜である。

このように膨大な死傷者・行方不明者が出た理由は、どちらの側も短期決戦に賭けており、後から見れば無謀とも思われる歩兵による突撃を繰り返したことと、それを迎え撃って機関銃による攻撃や火砲（大砲などの口径の大きい火器）による大規模な砲撃がなされたことにあった。また、兵士の頭部を保護する鉄かぶとも、この頃はまだ十分普及していなかった。開戦後、各国では正規軍の兵力が著しく損耗し、予備役が次々と召集され、徴兵制のないイギリスでは志願兵が募られた。一層の兵力が投入されて戦争は長引き、西部戦線は消耗戦の様相を帯びていく。

戦争における犠牲は、聖性を帯びて国民の記憶に刻まれることがある。とくにイギリス国民にとって、大戦の典型的なイメージを形成したのは、一連のイープルの戦いである。イギリス軍の兵士たちは、ドイツ軍とイープル突出部（戦線において敵側に向いて突き出た地域）をめぐり死闘を繰り広げる。実際、一一月末までのイギリス軍の兵員損耗は九万だが、そのうち五万四〇〇〇人がイープルとその周辺でのものだった。

なお、アドルフ・ヒトラーが従事した最初の戦闘は、イープルでのイギリス軍との戦いであった。ヒトラーは開戦直後にバイエルン国王に請願して、志願兵としてバイエルン陸軍（当時のドイツ陸軍は、プロイセンやバイエルンといった王国の陸軍から成っていた）に外国人（オーストリア人）ながら入隊していた。

また、イープルの北のディクスムーデでは、多くが学生から成るドイツ軍の大隊がフランス軍機関銃陣地を奪取したが、その後、ほぼ壊滅したという。この激戦の生き残りの中に、一九歳の学生志願兵のリヒャルト・ゾルゲがいた。彼は、後にソ連の諜報員として日本で暗躍し、重大機密情報をヨシフ・スターリンに送り続ける。そして、ヒトラーが起こした第二次世界大戦の最中に日本で検挙・処刑されることになる。

カイザーの憂鬱——イギリスとドイツの決闘

ドイツの短期決戦の望みは絶たれたが、中央同盟国にとっては悪い知らせばかりではなか

図1－15「戦場からの報せ」（ドイツ）。夫の戦死の報せを受け悲嘆に暮れるドイツの夫人と家族。イギリスにも同種のものがある。銃後の悲しみは、敵も味方も同じである。

った。八月二日にドイツと秘密軍事同盟条約を結びながらも、イギリスの参戦を受けて逡巡《しゅんじゅん》していたオスマン帝国（トルコ）が、ついに味方に加わったのである。トルコ艦隊は、一〇月二九日、ロシアの黒海沿岸を攻撃した。トルコは、一一月初めにロシア、次いで英仏から宣戦布告を受けて、中央同盟国側に立って参戦した。トルコ軍は早くも一一月初めに黒海の東南に位置するコーカサス（カフカス）地方でロシア軍の攻撃を受けたが、これを退けて一二月下旬に反撃を開始する。

カイザーは西部戦線が短期決戦で終わらず、ふさぎ込んだ気分で一二月を迎えていた。ただ、オーストリア軍の参謀総長コンラートにとって、西部戦線におけるドイツ軍の縮小は好機であった。ドイツが兵力を東部戦線に回す余力ができるからである。西部戦線よりはるかに長い東部戦線では、西部戦線のような塹壕戦にはいたらず、独墺軍がロシア軍やセルビア軍と戦い続けていた。

一二月初め、コンラートはカイザーに拝謁した。カイザーは自らが思い描く将来像を語ったが、それはやや意外なものであった。カイザーはフランスと講和して、その後、イギリス派遣軍を捕虜にするのだと言い放ったのである。

この頃、カイザーは、宿敵であったフランスやロシア以上に、イギリスへの激しい憤りに満ちていた。カイザーは言う。「（フランスやロシアとは講和することはあるかもしれないが、）余がイギリスと講和することはない。イギリスが屈服し、ロンドンが隅々まで炎と煙で滅ぼされるまでは」と。ヴィクトリア女王の孫であったヴィルヘルム二世にとって、イギリスの参戦はこの大戦における最大の誤算であり、裏切り行為と思えたのであろう。

そして、ヴィルヘルム二世は、そのイギリスの同盟国であり、ある意味でドイツを師と仰いで発展しながら裏切った「黄禍」の日本に対しても憎悪を隠さず、こう述べている。イギリスは「日本を余の足下に献上」しなければならなくなるであろうと。それは自らの功績である中国の膠州湾を奪った日本に対する復讐なのであった。

戦争は両陣営が考えたような短期決戦では終わらなかった。お互いに多大な犠牲を出してしまい、なおかつ決定的に有利でも不利でもなかったので、終わるに終わらせられない状態となっており、戦いを仲裁する力と意思をもつ強力な第三国も存在しなかったからだ。

第2章　一九一五年　長引く戦争

図2－1

図2－2

図2－1「我々のあまり重要でない戦争の一つ」（イギリス）。

図2－2「1950年」（イギリス）。

左は、「ましな穴」というタイトルで知られる、大戦期のイギリスでもっとも有名な諷刺漫画。戦場の中間地帯に置き去りにされ、砲撃でできた穴に転がり込んだ2人のイギリス兵。敵の砲弾が炸裂する中で、片方が言う。「さて、もうちっとましな穴を知ってんなら、そっちへ行けよ」（副題）。イギリス流の自虐的なユーモアが感じられる。発表されるや、銃後のみならず前線でも人気を博した。右も同じ作者で、塹壕の中に老兵が2人。1950年で、戦争はまだ続いている。片方が新聞を読みながら言う。「戦争中に生まれた赤ん坊たちの旅団がデビューだとさ」。長引く戦争への諦念がにじむ。作者ブルース・ベアンズファーザー大尉は、フランスの西部戦線で従軍中に漫画を描き始める。第2次イープル会戦で負傷して本国に戻ったのを機に、本格的に作品を発表。「ましな穴」のヒットで、国際的にも人気の漫画家となった。逆境におけるユーモアで、イギリス人の右に出る者はいないだろう。

ダーダネルス作戦とチャーチルの失敗

一九一四年の暮れ、ロシア軍最高司令官ニコライ大公は、頭を抱えていた。青年トルコ党（一九〇八年に憲法を復活させ、トルコで政権を握っていた）のエンヴェル・パシャ陸軍大臣率いるトルコ軍が、コーカサス地方のロシア領に進攻し、サリカミシュでロシア軍はまさに包囲殲滅されようとしていたのである。コーカサス情勢を憂慮したニコライ大公は、イギリスへトルコに対する牽制作戦の実施要請を行った。これがイギリスの強引な作戦の発端となる。

ロシアの要請は、一九一五年元日にイギリスに届く。チャーチル海相はこの要請に飛びついた。チャーチルは、第一海軍卿フィッシャーとすぐに作戦を練り始めた。

ところが、新年の一週間で、サリカミシュの戦いは様相を一変させていた。圧倒的不利と思われていたロシア軍が形勢を逆転したのである。ロシア軍は反撃に出て、トルコ軍を

図2－3「三人四脚レース」（イギリス）。エンヴェル（右）のトルコが加わり、中央同盟国は3ヵ国となったが、協調はうまく行かない。カイザー（左）の呼びかけにフランツ・ヨーゼフ（中央）は、「左足（ハンガリー）は捻挫しているし、エンヴェルの靴の中には厄介な小石が入っている」と答えている。

図2－4「我々の犯罪者名簿より」（ドイツ）。右が牽制作戦を依頼したニコライ大公。長身で、キャプションによれば「巨額詐欺犯」。左が依頼された側の「海賊」チャーチル海相。まだ若い。

打ち負かした。これは、ロシア軍の勝利というよりも、トルコ軍の自滅である。トルコ軍は、山岳地帯の零下三〇度を下回る天候の影響を過小評価しており、補給も医療も十分でなかった。反撃して勝利したロシア軍が見たのは、三万ものトルコ軍の凍死体だったという。サリカミシュの戦いは、軍事的な勝利以上の影響を及ぼした。どちらにつくか様子見をしていたコーカサス地方の諸民族は、とりあえずロシア側に忠誠を誓うこととなったからだ。

また、この戦いの後、オスマン帝国内のキリスト教徒であるアルメニア人は、ロシアに協力する恐れから、シリアへの強制移住や虐殺の受難に遭う。犠牲者数については現在でもトルコ、アルメニア双方の主張に大きな隔たりがあるが、数十万人を下らないとは言えるであろう。この一九一五年一月の下旬、トルコ軍は、イギリスの事実上の保護国となっていたエジプト（名目上はトルコが宗主国）のスエズ運河を攻撃したが、イギリス軍に撃退された。

ロシア軍の勝利で、イギリスへのトルコ牽制作戦の要請は、当初の意味を失う。しかし、イギリスでは、黒海と地中海を結ぶ交通の要衝である、トルコのダーダネルス海峡を突破する計画の策定が続いていた。チャーチル自身、以前に「ダーダネルス海峡を強行突破するのはもはや不可能である。誰も近代的な艦隊をそのような危険に晒すべきではない」と書いていたが、それをすっかり忘れたかのようだった。

チャーチルとフィッシャーが描いたダーダネルス作戦は、希望的観測に凝り固まったものだったが、二人の軽挙妄動からこの作戦が始まったとは言えない。イギリスにとって、「大戦略」という観点から、これほど魅力的な作戦はなかったからだ。世界一の海軍力を活用することができ、西部戦線の泥沼にはまっている陸軍も新生面を切り開けるのだ。

また、グレイはグレイで、この軍事行動により政治的に不安定なトルコ国内でクーデターが誘発されることを期待した。さらにバルカン半島諸国で中立を保っている国々が連合国側につくという効果も考えられた。これらはすべて捕らぬ狸の皮算用であったが、作戦にはフランスも加わった。二月一九日、英仏艦隊がダーダネルス海峡の西側のガリポリ半島を砲撃し、戦いは幕を開ける。

一方、トルコ側はダーダネルス海峡が狙われるという警告を繰り返し受け、ドイツの協力で防御能力を飛躍的に高めていた。状況を知ったフィッシャーや現地の艦隊司令官は、作戦に及び腰になったが、チャーチルは違った。何度かの攻撃の後、三月一八日の日中、一六隻の戦艦（巡洋戦艦一隻を含む）からなる英仏艦隊は海峡を強襲し、半島のトルコ軍の陣地を砲撃する。

図2−5「ロシアの友の祈り」(ドイツ)。ダーダネルス海峡突破に難儀するイギリス。奥に見える人物がロシア。

しかし、結果は惨憺たるもので、英仏三隻の戦艦が機雷に接触して沈没し、さらに三隻が大損害を受けた。それらの被害の多くは攻撃後の帰路で起きている。新たに設けられた機雷原に気づかなかったのだ。

大きな損害をこうむったにもかかわらず、チャーチルは、翌日も引き続き攻撃すればトルコ軍の砲弾不足で作戦は成功すると断言した。しかし、実際のところ、トルコ軍の砲弾は十分だったし、要塞に立てこもっていたため前日の損害も大きくなかったのだ。おそらく英仏艦隊がチャーチルの言う通りに攻撃を翌日も強行していたら、さらなる被害が出たであろうが、悪天候のため艦隊は出動できなかった。

チャーチルの失敗の原因は、何よりもダーダネルス作戦の難しさを過小評価したことにある。軍艦の艦砲では堅固な陣地に対して要塞砲のような効果は上げられない。また、艦砲は、砲撃の正確さにも欠けていた。さらにトルコ軍の移動砲の砲撃で、機雷を除去する掃海艇は十分な仕事ができなかった。海からの攻撃によって被害も少なく海峡を突破できるという考えは、幻想に過ぎなかったのである。イギリス海軍は陸軍と協力し、陸地から攻撃するのが得策だとようやく悟る。

こうして陸上部隊の上陸作戦が練られた。英仏軍の指揮を執る六二歳のイギリス人イアン・ハミルトンは、ドイツ軍のホフマンと同様に、日露戦争時に名将黒木の第一軍で観戦武官を務めた人物である（なお、その時の黒木の軍には、後にアメリカ遠征軍司令長官となるパーシングもいた）。

イープルに立ち込める禁断の毒ガス

この時期、膠着していた西部戦線では、一九一五年四月二二日、ドイツ軍が攻撃をしかけて第二次イープル戦が始まった。この戦いは、戦史に残るものとなった。ドイツ軍が史上初めて、本格的に毒ガス（塩素ガス）を戦場で使用したからである。実際にはドイツ軍はその前にもロシア軍にガス攻撃を試していたが、それは催涙ガスの類であった。

毒ガスは、第一次世界大戦の悲惨な戦闘を象徴する兵器となったし、それを最初に使用したためドイツは強く非難された。ただ、兵器開発の点から見ると、実際は英仏が先行していた現実もある。

ドイツ軍の指揮を執るファルケンハインは、国際法で禁止されていた毒ガス兵器をなぜ使用したのだろうか。それは、行き詰まった西部戦線の局面を変え、かつ砲弾不足も補えることを期待したからである。彼は毒ガスを使用した場合、連合国が報復で同様に毒ガスを使ってくることを懸念したが、技術面の助言者は早期にそれはないと請け合っていた。

ただ、大多数の軍司令官は毒ガス使用に反対であった。というのも、フランダース地方やフランスでは西からの風が吹き、風向きからしてドイツに不利だった。また、初期の毒ガス兵器は

図2－6「敵も認めたこと」（ドイツ）。イープルで鼻を押さえて退却しているのはイギリス兵。「化学でもドイツの方が我々より優れているらしい」と言っている。毒ガス使用の後ろめたさは感じられない。

ボンベ式で持ち運びや保管も容易でなく、ガス漏れの危険もあった（その後、毒ガス弾に切り替わる）。さらに、使用に際しては、刻一刻変化する風向きに神経をすり減らさなければならない。現場では著しく評判の悪い兵器だったのである。

四月二二日午後五時、初めてドイツ軍の毒ガスが、フランスの植民地であったアルジェリアの部隊を襲った。部隊はパニックに陥り、戦線にはポッカリと穴が開く。しかし、ドイツ軍にはその穴を突く予備兵力もなかったし、自軍の前進部隊を守るガスマスクも用意されていなかった。二日後、二度目の毒ガスによる攻撃がカナダ兵になされた時には、最初ほどの

衝撃はもたらさなかった。ドイツ軍がこの禁断の兵器を使う際、もっと徹底的な使用を試みたとしたら、最初の毒ガス攻撃で西部戦線の戦局は大きく変わったかもしれない。

アンザック・コーヴ――オーストラリア国民の誕生

イープルでドイツ軍による二度目の毒ガス攻撃が実施された翌日の四月二五日、ダーダネルスでは、ハミルトンの三万の遠征軍が艦砲射撃によって援護されて、上陸作戦を敢行していた。

迎え撃つトルコ軍を指揮するのはドイツ軍事使節団長リーマン・フォン・ザンダースで、彼はガリポリ半島の根本への攻撃を予測していた。しかし、ハミルトンは裏をかくことに成功し、イギリス軍の主力は半島の先端の五つの浜辺のうち一つを除き、ほとんど攻撃を受けずに上陸する。フランス軍は陽動作戦で、海峡を挟んで半島の向かいの小アジアに上陸した。

上陸を果たすと、イギリス軍主力は半島内奥に向かったが、途中のアキ・ババ高地へ続くゆるやかな坂でトルコ軍に前進を阻まれる。戦闘の末、双方とも塹壕を掘って敵の攻撃をかわす状態になっていった。結局、ここでも西部戦線と同様に塹壕戦が、何ヵ月も続くことになる。

一方、イギリスのドミニオン（自治領）であるオーストラリアとニュージーランドの兵からなるアンザック軍団は、主力より北のエーゲ海側の小さな湾に上陸した。その地は今ではアンザック・コーヴ（湾・入江）と呼ばれている。もともとオーストラリア軍は西部戦線に回される予定で、エジプトで訓練を受けていた。彼らは粗野で規律に欠けていたが、戦闘意欲は旺盛で士気も高かった。

アンザック軍の本格的な初陣とも言うべきこの戦いは、激戦となった。彼らは夜陰にまぎれて上陸しようとしたが、上陸地点を間違え、敵の待ち伏せ攻撃を受ける。運よく敵の砲火の死角に上陸して、戦力を整えて、半島戦の要衝となる高地を奪取しようとすると、トルコ軍は精力的に反撃してきた。それはトルコ軍の一人の師団長が、ドイツ人ザンダースの命令を無視して、状況に応じた判断を下したためである。この人物については、後述しよう。

アンザック軍は指揮も混乱し、前進を阻まれてしまう。乱戦のなか、彼らは上陸した地点に退却するが、崖とその下の小さな浜辺で三方を包囲されてしまう。夜になって浜からの撤退も検討されたが、最終的に出された命令は塹壕を掘ることだった。アンザック軍は一心不乱に塹壕を掘り、後に「ディガー」（掘る人）というニックネームを頂戴する。

その浜から崖に続く小さな三角地帯が、アンザック軍の陣地となった。トルコ軍はそこに何度も攻撃を行った。とくに五月一八日に敢行された夜襲は激烈であったが、西部戦線でもそうであったように、攻撃をした側に多くの犠牲者が出た。五月二四日には、塹壕の間に放置された戦死者を収容するために一時休戦がなされ、双方が作業の合間に交流する一幕も生まれる。そこでは、戦う者同士が相手に同情を寄せるような不思議な共感が生まれたという。

これもまた、一九一四年の西部戦線におけるクリスマス停戦（非公式の英独軍の停戦と交流）と似ているが、ここではお互いに人種も宗教も異にする兵士間の交流である点には注目してもいいだろう。

アンザック軍はこの作戦を通して、およそ三万四〇〇〇人の死傷者を出し、指揮をめぐって本国イギリスに対する不信も募らせる。しかし、副次的な効果もここで生まれた。なぜなら、このアンザック・コーヴでの八ヵ月にも及んだ戦闘は、彼ら兵士のみならず、銃後の自治領の人々にも「国民」としての自覚をもたらしたからだ。

図2－7「ここぞという時に力を発揮（跳躍）」（オーストラリア）。アンザック・コーヴでトルコ軍の猛攻に臨機応変に対応して、反撃するカンガルーのオーストラリア軍。作者ナットールはオーストラリア人。

アンザック軍兵士の大多数は、イギリスからの移民の一世や二世で、イギリスに忠誠心を持っていた。その多くは、都市からの志願兵であった。イギリスのために戦いに来て、膨大な犠牲者を出しながら、狭い三角地帯に踏み止まって戦い抜いたことで、彼らにはオーストラリアあるいはニュージーランドの国民軍としての自覚が芽生えたのだ。その意識は、さらに報道を通して、両国民にも植えつけられていった。

アンザック・コーヴの戦いは、アンザック諸国民にとって記憶に残るものとなる。上陸した四月二五日は今でも両国ではアンザック・デイという記念日である。アメリカにとってのアラモ砦の悲劇や真珠湾攻撃がそうであったように、手痛い敗北の記憶の方が、時には国民を糾合する力を持つ。血みどろの戦闘と悲劇を通して、彼らは国民としてのアイデンティティを確立したのである。その意味で、この戦いはイギリス帝国からのある種の独立戦争であったとも言えよう。

チャーチル、辞めさせられる

ダーダネルス作戦が上手くいかず、五月中旬にはフィッシャーが第一海軍卿を辞任する。「素人」の若造であるチャーチルとの確執や、精神的な限界などが理由であった。

イギリス政界では、責任追及と政争が絡みあってチャーチル外しが進む。五月二五日にチャーチルは海相辞任に追い込まれた。チャーチルは名目的な閣僚として、ダーダネルス作戦の委員会にポストを与えられはしたものの、作戦指揮からは外れた。

キッチナーはさらなる攻撃に懐疑的であったが、増援部隊を送った。それを得たハミルトンは、八月に大規模な攻勢に打って出るが、トルコ軍に撃退される。

一〇月になるとイギリス政府内に撤退論がちらつきだす。ハミルトンは一〇月半ばに更迭された。キッチナーは一一月に現地を訪れるが、想像以上に状況が悪いことを知り、撤退を決意した。一二月にイギリス政府は占領地からの撤退を決め、少しずつ慎重に一〇万人のトルコ軍の鼻先で撤退を実施した。翌一九一六年の一月八日から九日に、連合国軍は撤退を完了する。撤退の際の死傷者は驚くほど少なく、撤退だけは大成功だったと言える。

これにより、ダーダネルス委員会は少人数の戦争委員会へと改組され、チャーチルは外された。苦汁をなめたチャーチルが、再び海相に就任するのは、一九三九年のことである。

図2－8「世界戦争におけるドイツ民謡」（ドイツ）。解任されてダーダネルスに涙の別れを告げるハミルトン。作者ブラントは印象的な諷刺画を幾つも残している。

ダーダネルス作戦は手ひどい失敗として記憶される。イギリス軍を主とする連合国軍は、延べ四八万の兵力を投入して、どの地も確保できなかったのだ。だが、トルコ側も二五万人の兵員を損耗したし、当初のロシア側の要請にあったトルコ軍を牽制して釘づけにする目的を達成したのも事実である。

トルコの英雄ムスタファ・ケマルの登場

アンザック軍の戦いは、オーストラリア、ニュージーランドに国民意識を生んだ一方、トルコに一人の英雄を登場させた。先述の師団長、ムスタファ・ケマルである。

一九一五年四月二五日、アンザック軍が上陸して高地に迫った時、彼は敵の主攻撃の状況をドイツ人ザンダースが見極めるまでは待機せよとの命令を無視する。そして、積極的に反撃を加え、さらに自身の指揮下にない部隊までも動かしてアンザック軍を撃退した。この時、ムスタファ・ケマルは一師団長にすぎなかった。

彼は、その高地が半島南部のトルコ軍の防衛にとって、決定的に重要であると見抜き、そこを死守し敵軍を押し戻したのである。アンザック軍、あるいは連合国にとっての不幸は「そこにケマルがいたこと」だとするのは持ち上げすぎだが、彼の状況判断と行動は軍事的に高く評価されている。

ケマルがその地にいたのは、彼が軍上層部に買われていたからではない。むしろ、彼は開戦前、ドイツが指導するトルコ軍改革に反対で、ブルガリアの大使館付陸軍武官として半ば左遷されていた。開戦時に志願して、彼はこの地の師団をたまたま任されていただけだったのである。ケマルは八月の敵の猛攻も阻止し、一躍、国民的英雄になった。一連の勝利と英雄の登場は、第一次世界大戦後のトルコのみならず国際関係にも影響を与えていく。

対華二一ヵ条要求

西アジアは戦場となったが、東アジアでは大戦の影響を受け、国際関係が緊迫する。一九一五年一月一八日、日本の大隈重信内閣は対中政策の懸案を解決すべく、全部で五号からなる対華《たいか》二一ヵ条要求を袁世凱《えんせいがい》政権に突きつけた。この要求の主目的は、日露戦争の結果得た旅順・大連の租借期限や南満州鉄道の所有期限の延長など、既得権益の確保であった。だが、それ以外にも占領した山東省におけるドイツ権益の日本への継承や、希望事項として第五号では中国政府に日本人の政治・財政・軍事顧問を招聘《しょうへい》することなども要求していた。

中国は、日本が希望事項のため欧米列強にも秘匿していた第五号をリークし、中立国アメ

図2−9「大隈の望み」（ドイツ）。対華21ヵ条要求を、ドイツの諷刺雑誌は一斉に批判的に取り上げ（拙著『黄禍論と日本人』で紹介）、その後も日本批判は続く。これはその最たるもの。キャプションによれば、大隈首相の望みとは「ドイツの野蛮さを改めて、我々の先祖の文化に立ち帰る」こと。その先祖が猿。明治維新の後、憲法、医学、軍事（陸軍）など、さまざまな領域で教えを施した恩を仇で返された、日本のかつての「教師」ドイツの思いが見て取れる。顔つきから、大隈は下の方の猿であろう。

リカの対日圧力を誘う。アメリカは当初、日本の第五号以外の要求に理解を示していたが、日中交渉が行き詰まって、日本側が三月に軍を増派するなどして武力的示威を加えると、希望事項こそが日本の真意でないかと疑い始める。アメリカが中国支持に転じると中国側も強気となり、動き始めた交渉は再び暗礁に乗り上げた。

ダーダネルス作戦も上手くいかず、西部戦線も硬直している状況で、イギリスは日中間の武力衝突もあり得る情勢を憂慮し、日本側に譲歩を勧告する。日本政府は、希望事項であった第五号の要求を外したうえで、五月七日に最後通牒を発し、中国に要求の受諾を迫る。

アメリカはこの前後に、英仏露の連合国諸国に日中交渉への共同干渉を提議したが、大戦中のため三国は干渉を断る。さらにイギリスや、日本の軍事援助を当てにしていたロシアが、この要求を受諾するよう中国に求めるにいたって、袁世凱はやむなくこれを受け入れた。中国では受諾した五月九日（後に七日も）を国恥記念日として記憶に刻んだ。

イタリアの「神聖なエゴイズム」

日本の行為はえげつないと思われるかもしれないが、この国には到底及ばないだろう。それはイタリアである。序章で触れたように独墺と三国同盟の一員でありながら早々と中立を宣言したイタリアは、どちらの陣営につくか天秤《てんびん》にかけていた。イタリアのみならず、ルーマニア、ブルガリア、さらにギリシャも様子見をしていたが、軍事史家のストローンもこの戦争がもたらした好機を「もっとも図々しく」利用したのはイタリアであったと断じている。

一九一四年一〇月、イタリア首相アントニオ・サランドラは、自らの政策を「神聖なエゴイズム」と特徴づけ、領土の拡大と大国の地位の確保を政策目標に掲げた。

そもそも、イタリアは統一の過程でオーストリアと戦っていたので、両国の間には、同盟に基づく協力の気持ちよりも、敵対感情の方が根強くあった。とくに国境付近のオーストリア側には、イタリア人が居住者に多い地域、イタリアから見れば「未回収のイタリア」（トリエステ、南チロル）という火種があったのである（オーストリアにはおよそ八〇万人のイタリ

図2－10「信義の理想像」（ドイツ）。イタリア王ヴィットーリオ・エマヌエーレ三世。異様に小さい。タイトルは皮肉。裏切ったイタリアは、ドイツの諷刺画でさまざまにバカにされて描かれた。

図2－11「ドイツ人の体操」（イタリア）。イタリア兵（左）を前にドイツ兵は体操のように手を挙げて降参。実際には逆だった。

ア人がいた)。

ドイツは、墺伊両国の反目を解消し、イタリアを中央同盟国側につけたいと考えた。そこで、イタリア人居住地域を、分け前としてイタリア側に差し出すようオーストリアを説得する。オーストリアは当初は拒否したが、戦勝の暁にポーランド領の一部を分け前としてもらうことを条件に、一九一五年三月にしぶしぶトレンチーノ地方を譲ることを決める。ところが、イタリアはその条件に満足しなかった。

一方、連合国側は、はるかに好条件を提示する。連合国側につくのは、政治的には反オーストリアのナショナリズムを刺激し、自由主義者も賛成できるものであった。後にファシスト党を率いる、若き日のベニート・ムッソリーニも当時属していた社会党と袂を分かち(除名)、連合国側に立っての参戦を求めている。

四月二六日、イタリアはロンドンで「未回収のイタリア」の「返還」を約束し、さらに他の領土も得られる秘密条約を英仏露と結んだ。そして、五月二三日にオーストリアに対してのみ宣戦を布告する。手強いドイツに対してはこの時点では宣戦布告をしていない(対独宣戦布告は翌一九一六年八月)。これもイタリアらしいと言えるかもしれない。

ルシタニア号の悲劇——無制限潜水艦作戦の停止

一九一五年の五月には、各地で他にも色々なことが起こっている。五月七日には、アイルランド沖でイギリスの大型客船ルシタニア号が、ドイツの潜水艦Uボートから無警告の魚雷攻撃を受けて沈没し、乗員・乗客一一九八名が犠牲になった。その中には、アメリカ人一二八名も含まれていた。

ドイツ海軍は、開戦当初から無警告の攻撃による通商破壊をしていたわけではない。当初、ドイツ海軍は、潜水艦を重視していなかったが、イギリスの海上封鎖により外洋で軍艦が使えなくなり、Uボートに頼らざるを得なくなる。Uボートは初めのうち、水上で警告し、退避の時間を与えたうえで砲撃で敵商船を沈めていた。ただ、これでは潜水艦の利点を生かした戦いはできず、商船に見せかけた重装備の武装商船（イギリスのQシップ）との遭遇もある。

一九一五年の二月にドイツは、イギリスを海上封鎖すべく戦闘海域を設定し、そこでは敵国の商船に対して潜水艦によって無警告で攻撃することを宣言した。また一方で、中立国の船舶に対しては戦闘海域に近寄らないように警告する。こうして実施されたのが「無制限潜水艦作戦」と呼ばれるものである。問題は作戦自体が国際法に違反することよりも、当時の国際法では商船に対する潜水艦の使用に関して、細かい点で明確なルールが存在しないことであった。また、そもそも潜水艦の艦長にとって、敵国の船舶か中立国の船舶かを見分けることは技術的に難しい。

無制限潜水艦作戦を実施すべきか否かで、ドイツの政策決定者たちは二つに分かれていた。

宰相ベートマンらは実施に反対であった。反対派が恐れたのは、怒ったアメリカが連合国の側に立って参戦することである。

実施に積極的なのは長く海軍大臣を務め、海軍拡張計画を実施して来たアルフレート・フォン・ティルピッツ提督らであった。彼らからすれば、そもそもイギリスがドイツに対して実施している「飢餓封鎖」が違法で、それに対して有効に「復仇《ふっきゅう》」する手段がこの作戦であった。相手の国際法上の違法行為をやめさせるのに違法行為に訴えるしかない場合には、それも許されるというのが「復仇」の法理である。

実際、イギリスの封鎖は、公海上に封鎖海面を設定する「長距離封鎖」であり海洋法に違反しており、これにより、食料などの物資の海上からのドイツへの流入はストップしてしまっていた。ドイツ側にも五分の理はあったのである。

ヴィルヘルム二世は当初、無制限潜水艦作戦に気乗りしなかったが、アメリカ人が潜水艦を始めとする武器を連合国側に輸出していることを知ると考えを変え、作戦を許した。しかし、ルシタニア号事件で国際的な非難、とくにアメリカからの強い非難を受けると、ベートマンが作戦賛成派を抑え込み、ドイツは段階的に潜水艦作戦の制限を強化した。

八月にUボートが客船アラビックを貨物船と間違えて、しかも戦闘海域の外で撃沈する事件が起きると、ベートマンはカイザーの同意を得て無制限潜水艦作戦を停止させた。ティルピッツは憤り、六月以降、二度、カイザーに辞意を伝えたが、カイザーは辞職を許さなかった。

一方で連合国側、とくにイギリスでは、ルシタニア号撃沈で反ドイツ世論が燃え上がる。中立国アメリカでも同様である。また、アメリカにおけるより重要な変化は、この事件でウィルソンがドイツ政府に送った覚え書きの非難の言葉が強すぎるとして、非介入主義で中立主義者であったウィリアム・ブライアン国務長官が六月に辞任したことである。

後釜には、連合国寄りのロバート・ランシングが座った。さらにウィルソン大統領の顧問エドワード・ハウス大佐も連合国寄りだったので、政権内でのバランスはそちらに傾いた。アメリカは直ちに参戦はしなかったが、ルシタニア号事件は一九一七年の対ドイツ参戦の遠因となったのは間違いないであろう。

本物のドイツの英雄コンビ――マッケンゼンとゼークト

東部戦線では三月下旬、長期のロシア軍の包囲の末、備蓄が尽き、ガリツィアのプシェミシュル要塞のオーストリア軍が降伏し、一二万の守備隊兵士が捕虜となる。皇帝フランツ・ヨーゼフは悲嘆の涙を流した。

ただ、ドイツ軍とオーストリア軍は、ロシアに対する強力な反撃を準備していた。ファルケンハインは当初、バルカン諸国、とくにセルビアと早めに決着をつけ、イタリアを味方にしたいと考えていた。しかし、コンラートは、カルパティア山脈周辺でロシアと死闘を繰り

図2－12「ヒンデンブルクとマッケンゼン」（ドイツ）。ヒンデンブルクと握手をするマッケンゼン（右）。

返していて、バルカンに目を向ける余裕がなかった。

コンラートは、ガリツィアのゴルリツェ－タルヌフでのロシア軍への攻撃を計画する。彼はドイツ軍の増援に関しては四個師団で十分と答えたが、ファルケンハインは四軍団を送り、ここに最初の両国合同軍が誕生する。

ファルケンハインはその指揮官として、コンラートではなく、ドイツのアウグスト・フォン・マッケンゼン将軍を任命する。コンラートはリーダーシップを奪われ、この頃からドイツを「秘密の敵」とすらみなし始める。

五月一日に攻撃を始めた独墺同盟国軍は、ロシア第三軍の防御線を突破し、彼らを大幅に退却させる。オーストリア史には、コンラートの作戦計画に従って両軍が攻撃して大勝利をあげたという記述も見られる。しかし、作戦の端緒こそ彼のものと言えるかもしれないが、具体的な作戦計画を練ったのはマッケンゼンの参謀ハンス・フォン・ゼークトだった。

数では劣るマッケンゼンの第一一軍は、東部戦線でそれまでにない多数の火砲を集めて砲撃を加え、ロシア軍をほぼ壊滅した。ロシア軍の塹壕が西部戦線ほど巧みに作られていなかったのも幸いした。

独墺同盟国軍はロシア軍陣地を突破し、一週間あまりでロシア軍は二一万の兵員を失う。そのうちの一四万人は捕虜である。ロシア軍は一六〇キロメートルも後退し、同盟国軍は六月三日にはプシェミシュル要塞を奪い返す。ストローンは、ヒンデンブルクとルーデンドルフでなく、マッケンゼンとゼークトこそ、大戦のドイツ陸軍でもっとも成功したコンビであると評価している。

「蛇」のイタリアの頭を潰せ

独墺合同軍がまさにガリツィアでロシア軍を撃退していた五月二三日に、先述の通りイタリアはオーストリアに対して宣戦を布告した。すでに四月に参戦を約束していたとは言え、間が悪かったとは言えるかもしれない。オーストリアは、イタリアの参戦にとくに驚かない。参謀総長コンラートは、戦前から同盟国であるにもかかわらず、イタリアに対する予防戦争を検討していたほどであった。参戦を受けてコンラートは、イタリアを「今のところは頭を潰されていない蛇」と呼んだ。

イタリアの参戦は中央同盟国側には痛手となるはずだったが、オーストリアにはいみじくも好影響を与える。積年の恨みに加えて、イタリアが敵に寝返ったこともあって、スラヴ系

図2－13「南チロルの国境塁壁にて」（ドイツ）。コンラート（右上）がイタリア軍のカドルナをバカにしている。1916年6月初めのもの。

も含む多民族国家のため団結力に欠けると思われていたオーストリア軍が、対イタリアでは一つになったのである。スロヴェニア人、クロアチア人、セルビア人も、共通の敵イタリアに対して戦意を高揚させる。なんとなれば、イタリアが狙うオーストリア南西部には、これらのスラヴ系の住民が多数いたからである。

対して、ルイージ・カドルナ参謀総長が率いるイタリア軍は、数こそ動員で一二〇万を数えたが、装備は不十分で七三万人にしか行き渡らず、火砲も貧弱だった。とくに山岳地帯の北部国境を考えると、機動性のある山砲（山地用の火砲。軽量で分解して運搬できる）が必要だったが、それも足りない。

また、イタリア側にとっては、オーストリアに対して攻撃をする場合、たいていは山岳地帯を登って行かなければならず、地形でも不利だった。

一方でオーストリア軍にはヴェネツィア平野に一気になだれ込むという選択肢もあったが、ファルケンハインから東部戦線を優先するように釘を刺されており、防御を優先して戦うことになった。イタリア軍の攻撃により、オーストリアのイゾンツォ川（イタリア北東部の国境に近い川）流域が両軍の激戦地となる。この地では一九一五年だけでも四度の会戦があり、イタリア軍の損耗人員は二三万五〇〇〇人に及び、戦死者は五万四〇〇〇人に達した。オーストリア軍もそれ相応の損害を被った（推定一六万五〇〇〇人）が、当初二倍もの兵力を投入したにもかかわらず、イタリア軍は大した戦果を挙げられなかった。

最高司令官ニコライ二世と漂流するロシア軍

ゴルリツェ＝タルヌフの戦いに始まるマッケンゼンによる攻勢は、八月下旬まで続いた。ドイツ軍は、ロシア領ポーランドのワルシャワ、ロシアのブレスト＝リトフスクまで落とす。この同盟国側の圧倒的な勝利は、ロシアで思わぬ展開を生む。皇帝ニコライ二世が、ニコライ大公を八月二一日に更迭して、九月五日に自ら最高司令官に就任したのである。

これは皇帝一家に取り入った怪僧グリゴリー・ラスプーチンの助言によるとも言われる。しかし、ツァーは先にも述べたように開戦当初からこのポストに意欲を示しており、ロシアの敗退・大退却を機に自ら乗り出したいと思ったのであろう。

軍最高司令官のポストが形式的に国家元首にあてがわれるのはめずらしい話ではない。日本では天皇、ドイツでは戦時は皇帝、共和制のフランスであっても名目上は大統領が軍の最高司令官であった。彼らは作戦面への介入は控えたが、ツァーは違った。

図2－14「叔父よりも甥」（ドイツ）。最高司令官が交替になっても、「ニコライ（大公。左端に小さく見える）ができなかったことが、ニコライちゃん（ツァー）にできっこない」とキャプションでは言う。ゲルマーニア（ドイツ帝国を象徴する女神）が持つ盾はヒンデンブルク。それに押されて、ツァーもタジタジ。

歴史家テイラーの表現を借りれば、「ニコライ二世は指揮する能力もなかったくせに、誰にも指揮権を移譲しようとしなかった」のだ。かくして「ロシア陸軍はリーダーも戦術もないままに漂い続けることになった」のである。テイラーは、ツァーが最高司令官として自ら指揮を執ったことを「恐るべきヘマ」と評した。

コンラートの果たした夢とオーストリアの問題

八月中旬にさしものマッケンゼンによる攻勢が一段落すると、コンラートは自分の出番が来たと考える。ゴルリツェ－タルヌフの戦いでロシア軍に勝利したものの、それはマッケンゼンによる勝利であり、オーストリア軍は花を持たせてもらったにすぎなかった。そこでコンラートは、オーストリア単独でもロシアを打ち負かせることを示そうと、八月下旬から独自の攻勢を始める。

オーストリア軍はロシア軍の二倍の兵力で攻撃を行う。しかし、九月の終わりにガリツィアの北東のロシア領ロヴノを狙った攻勢は惨めな失敗に終わる。戦場では、指揮にも士気にも問題があった。コンラートは窮地を脱しようとしてもがき、さらに傷口を深くする。一〇月中旬までに、彼の見果てぬ夢のために一〇万人の捕虜を含む二三万人をオーストリア軍は失う。オーストリア軍の救いは、後述するセルビア攻撃が順調に進んでいることしかなかった。

軍事史家リデル＝ハートは、コンラートほど熱意を持って戦争にあたった者はいないと述べている。何事にも熱中するタイプだったようで、彼はこの時期に長年の夢は果たしている。一〇月一九日、八年越しの恋を実らせて、離婚したかつての人妻と晴れて結婚したのである（その八年の間、彼は渡すことのできないラブレターを三〇〇〇通以上も書いたという）。

リデル＝ハートは、コンラートを当時おそらく「もっとも有能な戦略家」とも評価している（オーストリア軍の将軍たちも、彼を軍事的天才とみなしていた）が、率いる軍隊が彼の「戦略的妙技」に向いてなかったとも指摘している。彼は、自身の軍の実力をわきまえていなかったのだ。

コンラートだけに責任があるのではないが、オーストリア軍は弱かった。東部戦線が長く、敵と接触する面が多いという事情もあるのか、オーストリア軍は捕虜になる確率も非常に高かった（ただ、同じく東部戦線にいるドイツ軍に捕虜はあまり出ていない）。これは士気の低さもあったと考えられる。非ドイツ系民族の兵士には、逃亡や集団投降も目立った。装備も貧弱で、ドイツ軍、フランス軍、イギリス帝国軍などと比して、オーストリア軍（それとロシア軍、イタリア軍）は一段も二段も劣っていたのだ。

ブルガリアの取り込みとセルビア攻撃計画

この頃ドイツは、ブルガリアを取り込み、セルビアを打ち破る計画を着々と進めていた。オーストリアとトルコは、ロシアを倒してバルカン問題を根本的に解決することを優先したいと考えており、セルビアは二の次であったが、ファルケンハインは、セルビアを倒すことによってロシアはバルカン半島に足場を失い、講和を求めてくるであろうという主張を展開して両国を説得した。

イタリアと同様にどちらの側につくか決めかねていたブルガリアは、戦況を見極めながらより現実的な選択に傾きつつあった。ブルガリアが欲しかったのはセルビア領のマケドニア（バルカン半島中部の地方）であるが、連合国側についてもそれは得られない。しかし、同盟国側につけば、それを得られるかもしれないのだ。

ただ、ブルガリアにとって気がかりだったのは、北の隣国のルーマニアと南の隣国のギリシャの動向であった。これらの国が連合国側につけば、ブルガリアは南北から挟み撃ちに遭う。そのため参戦に逡巡していたが、英仏のダーダネルス作戦が失敗に終わりそうな形勢となったため、ルーマニア、ギリシャが連合国側につく危険が遠のいたと判断して、ブルガリアは中央同盟国側につくことにする。

その際にブルガリアが出した条件は、中央同盟国が北からセルビアを攻撃すること、その際の指揮はオーストリア（一九一四年の三度の攻勢ですべて失敗していた）ではなくて、あくまでもドイツが執ることである。その攻撃の後、五日以内にブルガリアは東からセルビアを攻撃する。そのような内容の軍事密約が、九月六日に調印された。

図2－15「ブルガリア猫がジャンプする」（イギリス）。中立と記された壁の上で、ブルガリア猫（顔は国王フェルディナンド一世）が、どちらかにジャンプしようとしている。手前が連合国側で、奥が中央同盟国側。すでにこの時、ブルガリアは中央同盟国側と密約を交わしていた。

ドイツからはマッケンゼンが派遣され、トランシルヴァニア地方（当時ハンガリー領）に司令部を構え、オーストリアとブルガリアの軍にも指令を出すことになった。コンラートは、オーストリアの裏庭の作戦なので自ら指揮を執ろうとするが、にべもなく拒絶されている。

セルビア軍の敗走

マッケンゼンは一〇月六日、セルビア攻撃を開始する。九日にベオグラードは再び独墺軍の手に落ちる。セルビア軍は反撃を準備していたが、一一日、東側から密約に従ってブルガリア軍が攻め入って来る。

包囲を避けるため、セルビア軍は南のギリシャ側か南西のアルバニア側に逃げるしかなくなる。難民で混み合う道をセルビア軍は後退した。天候の悪化が追い打ちをかけたが、それは追う側の同盟国軍も同じである。

一一月下旬、セルビア軍はコソボ平野で包囲されかかる。南への道はブルガリア軍に閉ざされてしまっている。セルビア軍はとどまって決戦を挑むか、山道を越えて退却するかを迫られた。

セルビア軍は山越えをしてアルバニア側に退却する。雪も舞い、気温も低下し、避難民で溢れた狭い山道を、セルビア軍は撤退した。九月には四二万を数えた戦力のうち、この数ヵ月の戦闘で九万四〇〇〇人が戦死するか負傷し、さらに一七万四〇〇〇人が捕虜か行方不明となっていた。

結局のところ山を越えてアドリア海に達したのは一四万人あまりしかなく、残党と化した感のあるセルビア軍は連合国の船舶に救出されて、ギリシャのサロニカ（テッサロニキ）に送られる。こうしてセルビアは同盟国の手に落ちた。その西隣のモンテネグロは、翌一九一六年一月、短期間の戦いの末に降伏した。

実は、英仏軍はその前の一〇月五日、中立国であるギリシャのサロニカに兵を送っていた。中立を侵犯してまで出兵した軍は、マケドニア経由でセルビアを支援する予定であったが、派遣はあまりにも遅すぎたのだ。

他方、ブルガリアの参戦、セルビアの攻略により、中央同盟国四ヵ国（ドイツ、オーストリア、ブルガリア、トルコ）は陸路でつながり、ドイツの支援を受けやすくなった。

図2－16「王たち」（ドイツ）。ベルギーのアルベール一世（右）が、同じように国を失ったセルビア国王ペータル一世を慰めている。ペータルはセルビアを脱出し、フランスの船でギリシャのコルフ島に逃れた。

膠着する西部戦線

一九一五年には西部戦線でも、戦線こそ大きく動くことはなかったものの激しい戦いが繰り広げられている。この年、西部戦線で防御姿勢を取るドイツに対して、フランス軍のジョフルは、フランスの領土を解放するためにドイツ軍の弱そうな地点を攻撃し（二月のシャンパーニュでの攻勢、五月のアルトワ攻勢など)、フレンチ率いるイギリス遠征軍も追随する。敵の塹壕を突破するためにさまざまな試みがなされ、その都度、攻撃する側に多大な犠牲者が出た。

八月、ジョフルとキッチナーは、東部戦線でのロシアの負担を軽減するために攻勢を行うことを決め、九月二一日から、仏英の連合国軍は西部戦線で攻撃を始める。この時、フランス軍はシャンパーニュで、イギリス軍はルーで、ドイツ軍に対して毒ガスを使用した。イギリス第一軍の司令官ダグラス・ヘイグは、砲弾不足を補う新兵器として毒ガスに大いに期待したが、風がなく、敵よりも自軍を毒ガスに晒す結果となってしまう。

毒ガス兵器はその後も改良がなされ、フランス軍は風向きを気にせずに使用できる毒ガス弾を使用し始めたし、イギリス軍の毒ガス噴射器はドイツ軍に大いに恐れられた。また、毒ガスの成分もより致死性の高い、強力なものになっていく。一方で、防毒マスクなど防御のための装備も飛躍的に向上し普及する。毒ガスは戦局を決定的に変える兵器とはならなかったものの、両陣営とも大いに使用するようになる。

九月下旬に始まった西部戦線の攻勢では、連合国軍がドイツ軍の第一線を突破することがあっても、ドイツ軍はその八~一〇キロメートル後方に第二の塹壕線を張り巡らして兵力をそこに温存し、突破してきた敵軍を容易に撃退した。一〇月のフランス軍の兵員の損耗は激しく、ひと月単位では一九一四年九月の二三万八〇〇〇人に次ぐ、一八万人を数えている。イギリス軍と合計すると二五万人が失われたとされる。

これだけ多くの犠牲を払いながらも、連合国軍の攻勢は目立った戦果を挙げていない。ジョフルは攻勢を正当化するために「我々は敵が我々を殺すよりも多くの敵を必ず殺す」と述べたが、この秋のシャンパーニュ、アルトワ、ルーでの戦いにおけるドイツ軍の損耗は連合国軍の半分にすぎない。連合国軍の攻勢は、一一月初めには終了する。

変わる顔ぶれ――ヘイグ登場

ここまで見てきたように一九一五年の戦況は、全体的に見ると中央同盟国側に有利に展開したと言えよう。戦況が思うに任せない連合国側では、人事面で幾つかの変化が起きる。

フランスでは、西部戦線での失敗やブルガリアの参戦などにより、開戦時の首相ヴィヴィアーニが急速に支持を失い、一〇月二七日に退陣した（その後、フランスではアリスティード・ブリアンら三人の首相を経て、一九一七年一一月に「虎」ことクレマンソーが首相に就任する）。西部戦線での失敗という点では、ジョフルも同罪のはずだが彼はその地位に残る。マルヌの戦いの英雄である彼の交代という判断は下せなかったのだ。

イギリス大陸派遣軍では、フレンチ司令長官に対する不満が高まっていた。中でも、国王ジョージ五世とも親しい第一軍のヘイグ司令官（スコッチウイスキーで名高い一族の出である）は、国王に「告げ口」まがいの手紙を送り続け、フレンチをひきずりおろそうとした。国王は一〇月に派遣軍を訪れたが、その際にフレンチの司令官としての能力について数々の

図2－17「チャーチル」（ドイツ）。一時帰国し、軍服姿で議会にて熱弁をふるうチャーチル。「シェイクスピア没後300年記念」をトピックとした号（1916年４月18日）に発表。キャプションは戯曲『ヘンリー五世』の一節。「へっ、その男はお人好しで阿呆のお調子者さ。時々出征するんだが、それだって軍人の格好でロンドンに帰還して自慢したいためなのさ」（第３幕第６場）。西部戦線に出征したチャーチルの行動を皮肉っている。

苦言を受ける。国王と保守党の主要政治家の支持もあって、一二月一九日にヘイグは、フレンチに代わりイギリス派遣軍の司令長官に就任する。

国民的人気を誇るキッチナー陸相は残っていたが、根っからの軍人の彼は政治家や官僚たちと反りが合わない。一方、海相を罷免されても閣内に残っていたチャーチルは、ダーダネルス委員会解散の決定を受けて、一一月に内閣を去る。行動の人であるチャーチルはその後、海を渡り、大隊長として半年の間、西部戦線の守りに就き、ドイツ軍の砲火に晒されて何度か命を落としかけた。一度は宿舎の彼の寝室を砲弾が突き抜けたこともあったが、不発弾で助かった。なお、チャーチルは帰国後、一九一七年七月に軍需大臣として閣僚に復帰する。

ドイツでは、軍人たちを中心にファルケンハイン参謀総長に対する不満が高まっていた。しかし、東部戦線やバルカンでの勝利もあって、ファルケンハインはその地位に留まる。一二月下旬、彼はフランスのヴェルダン要塞への大攻勢を提案して、その準備にとりかかる。攻撃予定は翌年二月となった。

一方、一二月初め、ジョフルとフレンチはパリの北のシャンティイで会談し、仏英軍が協力して一九一六年夏に西部戦線で総攻撃を行うことで合意した。一二月二九日、ジョフルと新たにイギリス派遣軍の司令長官となったヘイグはこの計画を再確認する。かくして双方とも、西部戦線での勝利を得るために、一九一六年の総攻撃を準備しながら新しい年を迎える。

第3章

一九一六年
消耗戦の展開

図3−1

図3−2

図3−1「ヴェルダンにて」（フランス）。激戦のヴェルダン戦の視察に赴いたカイザー。副題は「ペンギン」。なぜペンギンなのかと言えば、左腕が短いからである。カイザーは出産時に障害を負い、左腕が短く不自由だった。それは半ば公然の秘密で、日本の大衆紙が暴露して問題になったこともある（拙著『イエロー・ペリルの神話』でも詳述）。戦時中にはこの障害を強調する諷刺画が現れた。これもその一つで、ある種のヘイト・カートゥーンと言ってよいだろう。

図3−2「ついに！」（ドイツ）。ドラゴン（イギリス海軍）を退治したドイツ水兵。ユトランド沖海戦でのドイツ海軍の勝利を示す。ただ、ドイツは高らかに勝利宣言をしたが、北海でのイギリス海軍の封鎖は解けなかった。

「余は影にすぎぬ」――カイザーの疎外感

ドイツ皇帝ヴィルヘルム二世は、戦争の遂行から自分が遠ざけられているような疎外感を覚えつつあった。

一九一五年のクリスマスに、お気に入りのファルケンハイン参謀総長に説得されて、カイザーは翌年の戦争計画を了承した。陸では東部戦線から西部戦線に重点を移し、フランスのヴェルダン要塞への大規模な攻撃を認めた。

問題は海で、ファルケンハインは、アメリカの参戦を招いたとしても無制限潜水艦作戦を「再開」することが、陸の作戦にとっても不可欠と信じていた。彼はこの問題で海軍のティルピッツ提督と「共闘」する。一方、ベートマン宰相もカイザー自身も、無制限潜水艦作戦には反対であった。宰相と参謀総長の仲は急速に悪化し、お互いに相手を蹴落としたいと思うようになっていた。

カイザーは陸での作戦にはベートマンの介入を許さなかったので、ファルケンハインは思いのまま作戦を立案できた。ひとたびカイザーの了承を得てしまうと、ファルケンハインはカイザーの意見に耳を傾けなくなる。毎日のブリーフィングも儀礼的なものと化した。「余は影にすぎぬ」とカイザーが漏らしたのも、この頃のことである。

無制限潜水艦作戦については、一九一五年から一六年にかけて一連の会議が催された。カイザーへの助言者は、ティルピッツらの賛成派とその反対派に分かれたままだったが、後者がいくぶん多かった。

以前、ティルピッツが海相辞任を申し出た際に慰留したカイザーは、海軍の重要作戦については事前に相談すると約束していた。しかし、彼に相談せずに、一九一六年二月、カイザーとベートマンは潜水艦作戦をさらにゆるめ、攻撃対象から客船を除外することを決める。ティルピッツは三度目の辞任を申し出た。ベートマンはこれを好機と捉えた。彼から見れば、ティルピッツは役立たずの戦艦建造に巨費を投じさせた人物である。カイザーも今度ばかりはティルピッツの辞任に反対しなかった。

三月一五日、二〇年近くドイツ海軍を率いてきたティルピッツは海軍を去った。ベートマンは喜び、カイザーは特に後悔した様子も見せなかったという。この時、フランスのヴェルダンではすでに攻撃が始まっていた。

ヴェルダンの戦い——ファルケンハインの誤算?

一九一六年二月二一日午前七時過ぎ、三八センチ長距離砲を皮切りに、ドイツ軍は一二〇〇門の砲門を開いた。ヴェルダンの北、ムーズ川の両岸二〇キロメートルにわたるフランス軍の前線には砲弾が雨霰《あめあられ》と降り注ぐ。フランス軍前線の将校の表現を借りれば、砲撃は木々を麦わらのようになぎ倒し、巻き上げられた粉塵が霧のように立ち込めて遠くが見えなくなるほど激しかったという。

夕方になるとドイツ軍歩兵斥候部隊は塹壕を出て、フランス軍前線の弱点及び抵抗点を探索する。ドイツ軍は、夜から翌朝にかけて砲撃を続け、午後に六個師団がムーズ川東岸を攻撃した。フランス軍は損耗が激しく、奇襲だったために通信も確保できず、味方からの援護砲撃も得られずに敗走する。二五日の午後には、ドイツ軍はヴェルダンの主要堡塁の一つドゥオーモンを占領する。

これは大規模な作戦であったにもかかわらず、奇襲として成功した。成功した要因は、フランス側がヴェルダンを比較的平穏な地域とみなして要塞の砲を他の地域に回したことや、ジョフルが警戒を伝える情報を軽視したことなどが挙げられる。一方でドイツ側は、相手に見つからないように軍や火砲を夜間に移動して隠した。新兵器として登場した航空機も一役買っている。ドイツ陸軍は一六八機を集中させて制空権を確保したので、悪天候や冬季の日の短さも手伝って、フランス軍は空からの偵察を十分に行えなかった。

なぜファルケンハインは、ヴェルダンを攻撃目標としたのか。それはこの地が独仏間の争いの歴史的記憶の場であり、三十年戦争後のウエストファリア条約（一六四八年調印）で正式にフランスが手に入れた、威信にかけて守るべき場だったからである。

ヴェルダンは、フランス北東部の要塞都市で独仏国境に近く、要塞はパリへと続く道を守っていた。ファルケンハインは、フランス軍はここを死守するために兵力を投入し、独仏の一大決戦が繰り広げられると読んだ。それはある意味で正しく、三月一日となるが、ポアンカレ大統領は包囲された要塞をどれだけの犠牲を払っても持ちこたえさせるよう強く迫っている。ただ、フランス軍の消耗の結果、フランス政府が講和に動くだろうというファルケンハインのもう一つの読みは希望的観測に終わってしまう。

ヴェルダンの戦いにおけるファルケンハインの意図は、フランス軍を消耗させることにあったとされる。しかし、ドイツ第五軍司令官の皇太子ヴィルヘルムがそれを無視して無理な攻撃をしたため、消耗戦に追い込めなかったという説がある。

また、軍事史家のストローンによれば、ファルケンハインは、三月半ばまではヴェルダン戦の目的を述べる際に消耗戦という言葉を繰り返し用いてはいない、という。つまり、彼はヴェルダン戦で突破に失敗したことを正当化するため、消耗戦が目的であるとした可能性もあるのだ。何にせよ、ストローンが書いているように「ヴェルダンの戦いを突破戦から消耗戦へと変えたのは、町を放棄しないというフランスの決意」だったのである。

ドイツ軍の攻撃を迎え撃ったのは、フランス第二軍の司令官フィリップ・ペタンである。二月二五日から二六日にかけての深夜、ペタンはヴェルダン地域を管轄する司令官に任命された。彼は大戦勃発後、旅団（師団と連隊の中間）長として後方でなく前線で指揮を執り、その後、師団長、軍団長、軍司令官に出世した戦闘経験も豊富な人物である。ジョフルを筆頭とする攻勢主義の他の多くの司令官と異なり、彼は防御戦の有利さを認識していた。要塞放棄論もあるなかで、ペタンは防御を固め、ヴェルダン周辺の堡塁を有効に活用し、ムーズ川西岸よりドイツ軍に砲撃を加える。そのためファルケンハインは、西岸も攻撃目標に加えざるを得なくなった。

また、砲撃における味方への誤爆を避けるために、フランス軍の飛行隊が組織され、制空権を奪い返し、偵察活動を行った。急遽《きゅうきょ》建設された軽便鉄道やローリー、一万二〇〇〇台に及ぶ車両が、戦線への補給に携わり、その補給路は「神聖な道」と呼ばれるようになる。

図3－3「ペタン将軍」（フランス）。ヴェルダン軍司令官ペタンの肖像。

ペタンの戦術で特徴的であったのは、前線の戦闘部隊を二週間以内でローテーションするシステムを採用したことである。これは兵士の肉体や精神の消耗を抑えて、戦闘能力を維持するための戦術だ。兵員の入れ替えを繰り返す戦術により、フランス軍西部戦線の九六個師団のうち七〇に及ぶ師団の兵士が、この地獄とも呼ばれたヴェルダン要塞戦を経験することになる。

ペタンはドイツ軍のさらなる進撃を何とか阻む。四月一日でフランス軍の損耗は八万九〇〇〇人に及んだが、ドイツ軍も同程度の損耗を被っている。四月九日、ドイツ軍は新たな攻撃を行ったが、大きな戦果を挙げることはできなかった。

ところが、この頃になると、ジョフルはペタンを司令官に任命したことを後悔し始めた。攻勢主義のジョフルと「防衛将軍」のペタンとは、そもそも反りが合わなかったのである。ジョフルは、ペタンをお飾りの地位に祭り上げて、五月一日に実質的な指揮をペタンとは比べものにならないくらい攻撃に重きを置くロベール・ニヴェル将軍に委ねることにする。フランス軍は再び攻勢主義に傾き、死傷者は増え続けた。

最初で最後の大海戦――ユトランド沖海戦

ヴェルダンで独仏軍の死闘が続く中、海では英独の主力艦隊による一大決戦が迫っていた。先にも述べたようにイギリス海軍は一九一四年の開戦後、北海を封鎖していた。両国は戦前、建艦競争に明け暮れていたが、戦力的にはイギリスが上であった。おまけにイギリス海軍は開戦後四ヵ月のうちに、ドイツが海上で使用する三つの暗号書のすべてを手に入れ、傍受したドイツ艦船の無線信号はイギリス海軍省の「四〇号室」と呼ばれる部署で解読された。

本来ならイギリスは戦力のみならず情報戦でも優位に立てるはずだった。しかし、海上の司令官たちはそのような情報に重きを置かなかったし、「四〇号室」の情報は正確ではあっても、しばしば古すぎた。

一九一五年一月二三日に起きた北海の浅瀬ドッガー・バンクの海戦では、イギリス海軍がドイツの装甲巡洋艦を撃沈した。この海戦は、両国海軍に異なる教訓を与える。イギリス海軍では巡洋戦艦の砲撃の命中精度に問題があることがわかった。それを補うためにイギリス海軍は、時間内の砲撃回数を増やせるようにしたが、そのため砲塔部に砲弾が置かれるなど脆弱性は増してしまった。おまけに巡洋戦艦の装甲は、戦艦より薄い。

ドイツ海軍は、ドッガー・バンク海戦から反対の結論を得ていた。艦船の数よりも技術的優位性の方が重要と考えて、艦の「生存性」を増すような改良を施したのである。まず、装甲を厚くし、砲塔に置かれる砲弾の数にも制限が加えられた。

主力艦船の数では、ドイツ大洋艦隊（大海艦隊とも呼ぶ）の二七隻に対して、イギリス大艦隊（グランド・フリートとも呼ぶ）は三七隻で、舷側の火力の差は二倍にも達していた。そのような状況で、一九一六年二月、前任者の病気で新たにドイツ大洋艦隊の司令長官にラインハルト・シェーア提督が就任する。彼は決断力はあるものの、やや衝動的な人物で、カイザーの了解を得て、艦隊をこれまでよりも積極的に運用することにする。

迎え撃つイギリス大艦隊の司令長官はジョン・ジェリコー提督である。彼は慎重な人物で、イギリスの制海権を保持するという重大責務を強く自覚していた。

一九一六年五月三〇日、シェーアはフランツ・フォン・ヒッパー提督の巡洋戦艦部隊（偵察艦隊）に、ノルウェーと北デンマークの間のスカゲラック海峡（ユトランド半島の沖合にもあたる）への出撃を命じる。目的はおびき寄せで、大洋艦隊はその後をこっそりついて行く。

「四〇号室」はドイツ艦隊の動きを知ったが、ジェリコーにはうまく伝わらない。五月三一日午後二時過ぎ、デーヴィッド・ビーティ提督率いるイギリス巡洋戦艦部隊は、ヒッパーの偵察艦隊を発見する。ビーティはその退路を断とうと、ヒッパーはビーティを大洋艦隊側におびき寄せようと、それぞれ南に針路を転じる。「南への航走」と交戦が始まったが、ヒッパーの艦隊の方が砲撃の正確さで優れていたし、イギリスの巡洋戦艦は、先に述べたように防御面で脆弱であった。果たして、巡洋戦艦インディファティガブルは砲弾を受けて三〇秒で吹き飛んでしまう。

　ビーティの旗艦ライオンも砲塔に直撃を受け、危うく爆発は免れたが、戦線を離脱する。巡洋戦艦クイーン・メアリは、集中砲火を浴び、弱点の砲塔を直撃されて爆発した後、二分もかからずに沈んでしまった。「今日、我々の血まみれの艦船は、どこか具合が悪かったようである」というのは、後に有名になったビーティの言葉であるが、どこかではなく、明らかに構造上の脆弱さが露呈した結果であった。ここまではドイツ海軍の圧勝である。

　四時半近く、ビーティはドイツ大洋艦隊を発見し、いったん近づいてから北に向けて旋回し、イギリス大艦隊のところに誘う。大洋艦隊は追ってくる。

　宵闇迫る六時過ぎ、ドイツ大洋艦隊を率いるシェーアは、追跡をやめようと考え始めていた。そこにジェリコーの大艦隊が単縦陣で出現した。T字戦法で言えば、ジェリコーはTの横棒のようにドイツ大洋艦隊の劈頭《へきとう》を押さえて、砲火を集中できる有利な位置にあった。偶然、ジェリコーは絶好のタイミングで単縦陣に艦隊を並べ替えたのだ。

慌てたのは大洋艦隊のシェーアである。不利は目に見えている。ドイツの艦隊は西日を受けて、イギリスの艦隊の前にシルエットのように浮かび上がった。双方は攻撃を開始する。シェーアは南西に回頭を命じた。基地からは離れるが、最善の策と思われた。

この遭遇戦において、六時半過ぎ、またしてもイギリスの巡洋戦艦が砲塔に直撃を受け撃沈された。沈んだのはシュペー艦隊を葬り去った巡洋戦艦インヴィンシブルである。だが、ジェリコーはドイツ側の退路を遮っていた。ところが、シェーアは再び向かってきてジェリコーの陣の一部を突き、攻撃を集中されると回頭して逃げた。シェーアは退却の際に、駆逐艦部隊に魚雷を放たせた。あくまでも慎重なジェリコーは夜襲を恐れ、イギリスと逆側の東に艦隊を移動させ、翌朝にシェーアを迎え撃つことにする。しかし、シェーアは夜中に脱出を始め、犠牲を出しながらも逃げおおせた。

イギリスがユトランド沖海戦、ドイツがスカゲラック海戦と呼ぶこの海戦で、ドイツ側は勝利を宣言する。カイザーは、かつてイギリス海軍がナポレオンのフランス・スペイン連合艦隊を破った海戦を引き合いに出し、「トラファルガーの呪文は解けた」と自慢げに述べた。

ここで数字を見てみよう。イギリス側は一四隻を失い、そのうち巡洋戦艦と装甲巡洋艦が各三隻である。死傷行方不明者は六七八四名。うち六〇九七人が戦死である。対して、ドイツは一一隻を失い、そのうち戦艦、巡洋戦艦が各一隻である。死傷行方不明者は三〇五八名。

うち二五五一人が戦死した。数字だけを見れば、ドイツ海軍に軍配が上がったと言える。しかし、沈没はしなかったものの、一〇隻が大破しており、六月二日時点で戦える主要艦船は一〇隻のみだった。

一方でイギリスは、二四隻が戦える状態にあった。何よりも重要な点は、イギリスは制海権を保持して、北海の封鎖を継続できたことである。七月になると、さしものシェーアも、艦隊による作戦を選択肢から除外する。そして、勝利を得るには、潜水艦によるイギリスの通商破壊しかないとカイザーに強く進言する。

弱きコンラート対ブルシーロフ攻勢

陸ではドイツ軍がヴェルダンで、火炎放射器（一九一五年から投入された）を効果的に使って攻勢を強めていた（六月七日にはヴォー堡塁が陥落する）。ジョフルは早くから危機感を持ち、西部戦線ではイギリス、東部戦線ではロシアに側面支援となる攻撃を要請していた。

だが、頼りとされたロシアは、ツァーの人事に振り回され続けていた。たとえば、二月下旬にロシア北部戦線の司令官には、能力でなく忠誠心を買われ、日露戦争の敗軍の将である六八歳のアレクセイ・クロパトキンが就いている。ジョフルから側面支援の攻撃を依頼され、クロパトキンらが率いるロシア軍は三月中旬から一ヵ月ほど東部戦線で攻勢に出たが、多大な死傷者を出してドイツ軍の前に敗退した。

しかし、三月にロシア南西部戦線の司令官にブルシーロフが任命されたのは、ツァーの人事ではめずらしい成功例となる。アレクセイ・ブルシーロフは、前年の夏にコンラートの攻撃を打ち破った有能な将軍であった。彼は東部戦線の敵の弱点を検討し、攻勢を準備する。

対する独墺では、双方の参謀総長であるファルケンハインとコンラートの関係が最悪になっていた。一九一五年にロシアを十分に弱体化させたので、ファルケンハインは、オーストリアがロシアからの攻撃に耐えられると思っていた。ところがコンラートは、マケドニアやイタリア戦線に兵力を割いてしまい、ロシア軍に対する圧力を弱めてしまっていた。ドイツが重要な作戦を実施する肝心な時に、両国間には戦略面の調整が十分になされていなかったのである。

図3－4「ブルシーロフ将軍」（フランス）。オーストリア軍とドイツ軍を打ち破ったロシア軍指揮官と紹介されている。

六月四日、ブルシーロフは後に彼の名が冠せられる攻勢に打って出る。ブルシーロフが抱える四個軍は、敵のオーストリア軍より多少兵員が多い程度である。しかし彼は、全軍に広範囲にわたる前線を同時に進撃するように命じた。砲撃による援護も最低限に抑えられた。奇策と言ってもよい、広い戦線の奇襲

図3－5「迫りつつある熊」(イギリス)。カイザー(奥)とヨーゼフ皇帝(手前)が、神話のシシュフォスのように大岩(それぞれヴェルダン、イタリア戦線と記されている)を押し上げている(シシュフォスのように失敗を示唆)。カイザーは熊(ロシア軍)への対処をヨーゼフに頼むが断られる。ブルシーロフのロシア軍は迫っている。

である。

　この作戦にオーストリア軍は驚き動揺し、十分な兵力を集中することができずにロシア軍の突破をやすやすと許してしまう。わずか二日でオーストリア第四軍は敗れる。ロシア軍は七五キロメートルも前進し、一週間で二〇万人もの捕虜を獲得する。

　コンラートはあわててイタリア戦線から軍を移動させ、六月一五日にファルケンハインに対して、オーストリア軍はもっとも深刻な危機に直面していると伝える。ファルケンハインは驚き、オーストリアを救うため、ヒンデンブルクに東部戦線の北からオーストリア軍へ支援部隊を送るよう命じ、さらに西部戦線からも四個師団を割いた。

　また、この頃、ファルケンハインにはソンムでイギリス軍が攻勢を準備しているという情報が入っていた。彼は防御戦の優位を知っていたので、イギリス軍の攻撃を迎え撃つ準備を始める。

六月五日の悲劇——キッチナーの溺死

ブルシーロフが東部戦線で攻勢を開始した日の翌日、六月五日、イギリス中が悲嘆に包まれる出来事が起きた。キッチナー陸相を乗せてロシアに向かっていた巡洋艦ハンプシャーが、北海でドイツ軍の機雷に触れて沈没したのだ。キッチナーは、そこで水死したのである。

陸軍大臣としてのキッチナーは、すでに閣内で力を失い、戦争指導においても新しく派遣軍司令長官となったヘイグによるキッチナー外しのため、亡くなる半年前には実質的な権限の多くを失っていた。

しかし、一般国民や、彼のポスターに促されて志願したいわゆるキッチナー軍（新軍とも呼ばれる）の兵士にとって、彼は力の象徴でもあった。キッチナーは秘密裏に新たな攻勢に着手するため、ロシアで生きているという伝説までささやかれた。

そのキッチナーの新軍を加えて膨れ上がったイギリス大陸派遣軍は、一九一六年二月には一〇〇万人を超えるまでになっており、本格的な初陣を待っていた。英仏の司令部は、ソンムで大攻勢に打って出ることを二月一四日に決定していた。開始予定は、七月一日であったが、二月下旬、ドイツ軍が先手を打つかたちでヴェルダンの戦いを始めたため、ソンムでの攻勢の計画は大幅に変更となる。

六月五日の戦う哲学者たち

キッチナーが亡くなった六月五日、奇しくもイギリスのケンブリッジ大学で同僚であった二人の哲学者が、一人は法廷で戦い、一人は戦場で戦った。

法廷で戦ったのはバートランド・ラッセルである。イギリスでは一九一六年一月に兵役法が成立し、三月から徴兵制度が運用されていたが、ラッセルは良心的兵役拒否を薦めるパンフレットを出版した廉《かど》で、この日、イギリスの法廷で罰金刑に処せられた。その後、彼は大学を追われ、外交方針に介入したという根拠薄弱な罪で一九一八年に半年間入獄する。

もう一人、本物の戦場で戦ったのは、そのラッセルに才能を見出された論理哲学者ルートヴィヒ・ヴィトゲンシュタインである。彼はオーストリア軍の伍長代理として、ブルシーロフ攻勢に立ち向かった。

攻勢二日目、砲兵部隊にいたヴィトゲンシュタインは、敵の砲火を物ともせず、身を隠せという上官の叫びも無視して、「勇敢にも」敵の迫撃砲の発射地点を観測して、味方の砲撃を成功させる。この戦功で、軍事勲功章を授与されている。彼はこの頃、強い自殺願望にとらわれていたので、敵の砲弾が怖くなかったのかもしれない。この大戦中、ヴィトゲンシュタインは、哲学史上の不朽の名著『論理哲学論考』の草稿を書いている。

ソンムの七月一日——イギリス陸軍の記憶に生き続ける日付

ファルケンハインが把握していたように、英仏の攻勢はソンムで計画されていた。この地はフランス北部にあり、大西洋にそそぐソンム川がちょうど前線を横切る地帯であった。当初、攻撃ではフランス軍が主力となる計画だったが、ヴェルダン戦に多数の兵員を割いていたためイギリス軍が主力となった。

実際の作戦に投入されたフランス軍はわずか五個師団であったのに対し、イギリス軍は予備も含めて一九個師団である。イギリス派遣軍の司令長官となったヘイグは、彼が行う最初の大規模な作戦であるこのソンムの戦いで、ドイツ軍の戦線突破が可能であると考えていた。

一九一六年六月二四日、イギリス軍はソンムで砲撃を開始する。かつてないほどの大規模な砲撃は一週間続き、フランス軍と合わせて二〇〇万近い砲弾がドイツ軍陣地に降り注ぐ。悪天候のため二日延期された後、運命の七月一日、イギリス軍歩兵部隊は突撃を敢行した。突撃と言っても、重い装備を背負っていたため、歩くような速さで、律儀にも隊列を乱さないようにしていた。

イギリス軍部隊は、当然、ドイツ軍の前線は破壊されたと信じて前進したが、そこに待ちかまえていたのは、退避壕などで砲撃から身を守っていたドイツ兵による機関銃掃射と砲撃であった。イギリス軍兵士は人形のようになぎ倒され、この一日だけで損耗人員は五万七四七〇人に及び、一万九二四〇人が戦死してしまう。

日露戦争の時、四ヵ月半の旅順攻囲戦で乃木希典《のぎまれすけ》将軍の第三軍が出した戦死者数は一万五〇〇〇人強と言われるので、たった一日（しかも大多数はほぼ一時間の間）でそれを上回る戦死者を出したことになる。しかも、旅順と違って、イギリス軍はほとんど目立った戦果を挙げられなかった。

なぜこの攻撃は、かくも無残な失敗に帰したのだろうか。まず挙げられるのは、作戦計画自体が妥協の産物であったことである。これまで多くの歴史家にもっとも批判されてきたのは、突破をめざしたヘイグである。しかし、ストローンは、実際に戦闘の最中に戦線を突破できる可能性があったことから、ヘイグが構想を麾下《きか》の司令官たちに強いることができなかった点を重視している。実際に作戦は、突破と敵の消耗の二つの目的を追う、どっちつかずのものとなってしまっていたのである。

二番目の理由は、イギリス軍の砲撃が十分に機能しなかったことである。火砲の四分の一は、設計の不備や素材が粗悪であったため故障し、また、発射された砲弾の実に三割が不発弾だった。おまけにソンムでイギリス軍が砲撃した戦線は、砲撃を有効にするには横に長すぎた。

これはヘイグが側面からの攻撃を避けたいと考えたためで、砲撃の効果は散漫なものとなり、悪天候で突撃が二日延期されたこともその効果を弱めてしまった。さらに、イギリス陸軍は急ごしらえだったので、速成でも何とかなる歩兵はともかく、技術的な熟練が要求される砲兵は未熟なままだったのである。

七月一日以降も、イギリス軍は同じような攻撃を何と四六回も、軍団間の連携もないまま続けた。このため、死傷・行方不明者はさらに二万五〇〇〇人増え、一四日の夜襲はかろうじて成功したものの、それを生かせず、突破の機会をみすみす逃してしまう。

一方、南のフランス軍は、イギリス軍よりはるかにましな戦いをした。砲撃する前線を絞り込み、フランス軍は当初は戦果を挙げたのである。ただ、突破を図るのか敵の殲滅を図るのかがフランス軍でもはっきりせず、勢いは急激にそがれてしまう。

図3-6「一大試合」（フランス）。副題は「サー・ダグラス・ヘイグ、ボクシングチャンピオン」。大試合に挑んでいるボクサー・ヘイグといったところ。1916年9月掲載で、倒されている相手はちょうど参謀総長を辞めさせられたファルケンハインに見える。

ヘイグは失敗を直視せず、ドイツ軍も相当の損害を被ったはずだと考えた。ヘイグが過大に見積もったほどではなかったものの、実際にドイツ軍の損耗も大きかった。

また、ソンムの攻勢を受けて、ドイツ軍は一時的にヴェルダンでの攻勢を停止する。ドイツ軍は七月下旬にはソンムにおける防御態勢を立て直すが、ファルケンハインはドイツの人的な余力が限界に近づいていることを感じていた。そのファルケンハインには、彼自身のみならず、ドイツの運命を変える人事が迫っていた。

束の間の日露同盟

ソンムでの激闘が始まって間もない一九一六年七月三日、ロシアが日本と軍事同盟を結ぶ。正式には第四次日露協約という名称であったが、第三国に対する攻撃や防御のための攻守同盟的な性格をもっていた。ロシアはブルシーロフ攻勢で息を吹き返したかに見えたが、実際は気息奄々であった。

図3－7「日露同盟」（ドイツ）。「さあ、派手に仲良くしよう」とキャプションにあるが、熊（ロシア）はやせ衰え、日本に鼻輪をつかまれている。

開戦後、日英同盟「骨髄」論者と称された加藤高明外相は、日露同盟論を「ウィスキーに水を割りすぎる」として黙殺していた。しかし、その加藤は一九一五年八月に内閣を去っており、元老の山県有朋《やまがたありとも》らが強く推し進めてこの同盟は結ばれた。

この同盟は、実はイギリスやフランスにも利点があった。日本の軍事援助によりロシアが東部戦線で持ちこたえることが期待されたのである。イギリスではグレイ外相も日英同盟を補充するものだと評価した。ロシア革命までの束の間のものではあるが、日露戦争でぶつかった両国は軍事同盟を結ぶまでになったのだ。

ファルケンハインの更迭

ソンムの戦いが始まったことで、ヴェルダンでの攻勢の勢いも止まり、カイザーもベートマンも戦争の帰趨に悲観的になりつつあった。参謀総長ファルケンハインは軍内で支持が薄く、ベートマンも彼を嫌っていた。さらにヒンデンブルクとルーデンドルフは、遠慮なくカイザーに西部戦線におけるファルケンハインの戦争遂行の拙劣さを説いた。

ヴェルダンで成功を収められなかったためファルケンハインは立場を危うくしたものの、八月になっても、カイザーは罷免要求を拒否し続けていた。だが、カイザー自身の彼に対する不満も募っており、それは八月二七日にルーマニアが連合国側に立って参戦したことで頂点に達する。

ルーマニア王フェルディナント一世は、カイザーのホーエンツォーレルン家に連なる血筋であった。カイザーはそのような血縁から、ルーマニアが中央同盟国側に加わることを期待していた。しかし、ルーマニアはオーストリアと国境紛争を抱えている関係もあり、一九一四年以来、あいまいな中立の立場を続けていた。

ロシアのツァーはツァーで、フェルディナントに連合国側につくよう働きかけ、見返りにハンガリー領のトランシルヴァニアとブコヴィナの割譲を約束した。ブルシーロフ攻勢で、一時的であれロシア軍が東部戦線で優位に立ったこともあり、ルーマニアは連合国側に加わり、参戦後はすぐに隣接するトランシルヴァニアに進攻した。

カイザーは、ルーマニアのある種の「寝返り」にショックを受け、ふさぎ込んでしまう。無傷のルーマニア軍を前に、戦争で疲弊したオーストリア軍は持ちこたえられそうになく、彼は「戦争は負けだ」とさえ考えた。

カイザーはファルケンハインを呼び、ドイツ軍の対応策を問い質す。それまでファルケンハインの方針に対して、明白に異議を唱えたことがないカイザーが、初めて彼の戦略に不満を示した。ファルケンハインは、カイザーがその後にヒンデンブルクを呼んで、同じ質問をしたと知る。これを受けて、ついにファルケンハインは辞意を申し出て、カイザーは慰留しなかった。

ファルケンハインは提示されたトルコ大使のポストを断って、軍の指揮を望み、軍司令官としてポーランドに派遣される。モルトケの時と同様に、退任の儀式は執り行われず、カイザーの対応も冷淡なものであった。

図3－8「大ウィリーのブーツの注文」（イギリス）。「さらば、ファルケンハイン。そなたが行かなければならないのはとても残念である」とカイザーは言いながら、ファルケンハインを蹴り出す。帰宅したファルケンハインには、カイザーからサラリー入りのブーツが贈られている。

ドイツが敗れた日？

ファルケンハインは八月二九日に辞任し、後任の参謀総長にはヒンデンブルクが任命された。ルーデンドルフは、参謀次長に相当する地位として、自身の権限を強化すべく、希望して第一兵站総監になった。タンネンベルクの時と同様、ヒンデンブルクはお飾りにすぎず、ルーデンドルフが実質的な指揮をとることになった。

国民的人気を誇る「英雄コンビ」に、カイザーは形勢逆転の希望を託したのである。ヒンデンブルクは、ルーデンドルフの激しい気性も受け入れられる鷹揚な性格の持ち主であった。ルーデンドルフの感情的な面は、ヒンデンブルクによって補われ、二人はコンビとして機能したのである。

ただ、ファルケンハインは辞任に追い込まれる一ヵ月ほど前、自らを引きずりおろそうとする陰謀に気づき、不吉な予言ともとれる警告をカイザーに伝えていた。ヒンデンブルクとルーデンドルフを登用すれば、「その時、陛下はカイザーであることを終えることになるでしょう」と。

ファルケンハインの予言は、ある意味ですぐに的中する。貴族階級出身のカイザーの側近たちは、それまでカイザーを憂鬱にする情報を口にしないように拝謁者らへ要請するなどして、ただでさえ不安定な君主の精神面に配慮をしていた。しかし、ブルジョア階級出身のルーデンドルフは、そのような君主を繭《まゆ》で保護するようなやり方が気に食わなかった。彼は宮廷儀礼にも無頓着で、無礼とも思われるぶっきらぼうな態度をカイザーに対しても取る。

カイザーに戦況を伝える際も、ルーデンドルフはファルケンハインのように好ましくない情報をごまかして話すようなことはせず、事実を遠慮会釈なく伝えた。カイザーは、不作法で知られたティルピッツでさえ、ルーデンドルフに比べれば扱いやすかったと感じるようになる。

図3－9「ルーデンドルフ」（ドイツ）。1918年の肖像。

彼はルーデンドルフを避けるようになり、英雄コンビの決定を卑屈にも追認するだけになっていった。

前任の二人の参謀総長はカイザーを「戦争の最高指導者」として「立てる」ことを忘れず、またヒンデンブルクもカイザーを敬っていたが、ルーデンドルフは違った。カイザーは、自らが彼らの「部下」になってしまったように感じるようになる。

英雄コンビが戦争指導の先頭に立ったことは、ドイツにとっても悲劇であった。同時代のドイツのもっとも偉大な軍事史家ハンス・デルブリュックは、「この日に、この決定をもって、ドイツ帝国は敗れた」と評している。彼が言うには、この英雄コンビの二人には、将来に対する賢明な悲観主義とでも言うべきものが欠けていたのである。ファルケンハイン、ベートマン、そしてカイザーは、少なくとも一九一五年にはそのような悲観主義を共有し始め、交渉による和平が必要であると感じ始めていた。

ところが、ヒンデンブルクとルーデンドルフは、盲目的に勝利を確信していた。そのような勝利は、すべての国民、武力、外交的策謀を奮い起こしてこそ達成されるものであると考え、彼らはドイツをさらなる戦争の深みに引きずり込んだのである。

ルーマニアを撃て！

この英雄コンビが最初に着手したのは、二人を結果的に戦争指導における最高の地位に押し上げたルーマニアへの攻撃である。一九一六年九月、ドイツ軍を主とする同盟国軍はルーマニアに進攻する。ルーマニアの誤算は、ロシアによるブルシーロフ攻勢にすでに陰りが見えていたのを十分考慮できていなかったことだ。ロシアの支援は限られており、周囲を敵に囲まれているため、他の連合国の支援もほとんど期待できない状況だった。

ドイツ軍の立役者の一人は、皮肉なことに、ドイツ・オーストリア合同の第九軍を指揮したファルケンハインだった。彼は、トランシルヴァニアでルーマニア軍を撃退し、そのまま領内へと攻め込んだ。もう一人の立役者は、真の英雄と評されるマッケンゼンで、彼が指揮

図3－10「鉄の箒をたずさえたマッケンゼン」（ドイツ）。窓から顔を出して、マッケンゼンが「明朝に掃くぞ」と指差す。驚いて椅子から落ちそうになっているのは、ルーマニア国王フェルディナント一世。

したドイツ、ブルガリア、トルコの軍で編成されたドナウ軍は、南のブルガリア国境から破竹の勢いで攻め上がった。

一一月半ば、雪で閉ざされる前の山道を同盟国軍は突破し、一二月六日にルーマニアの首都ブカレストを落とし、その日、六七歳の誕生日を迎えたマッケンゼンは白馬で入城する。ルーマニア国王フェルディナントは首都を追われ、北部以外のほぼ全域が同盟国軍に占領された。ルーマニアの裏切りは、四ヵ月にも満たないうちに惨めな敗北に帰したのだ。

ドイツは期待ほどではなかったにせよ、ルーマニアの農産物と原油を手に入れられた。カイザーは一時的であれ喜び、この業績でナポレオン戦争以来の特別な鉄十字勲章をヒンデンブルクに与えた。しかし、ルーマニアを攻略しても、その憂鬱は結局晴れなかった。そして、カイザーはそれまで強く反対していた「禁じ手」を用いる誘惑にかられ始めていた。

ヒンデンブルクの神格化

参謀総長となったヒンデンブルクは、タンネンベルクでの劇的な勝利とその後の東部戦線における連勝で、すでに国民的な英雄になっていた。その人気は相当なもので、一九一五年の秋にはベルリンに巨大な木製の「ヒンデンブルク像」が建立され、同様の像はドイツ各地に建てられた。

四角い頭の彼の肖像画や似顔絵は、公共の場のいたるところに飾られ、一種のカルト的なヒンデンブルク信仰が広まっていた。次第に彼は「カイザーの代わり」であり、「大元帥」はカイザーでなく彼であるとみなされるようになっていく。

開戦当初、カイザーは国民統合の象徴として現れた。一九一四年八月一日、カイザーはベルリンの宮殿のバルコニーから行った演説で「余が国民にもはや党派はない。我々の間にはドイツ人がいるのみ」と述べた。また四日には帝国議会議員を前にして「余はもはや党派を知らず、ドイツ人を知るのみ」と演説した。これらのフレーズは、

図3−11「諸君、閉店だ！　立ち去れ！」（ドイツ）。ヒンデンブルクの登場に慌てふためく連合国軍。酒を飲んで憂さを晴らしていたようである。

ドイツのメディアで繰り返し報道され、国民統合の象徴としてのカイザー像を作り上げた。そしてもう一つ、ドイツのメディアが慎重にこしらえたのは、「平和君主」としてのカイザーのイメージである。ただ、そういったカイザーの「人気」は、ヒンデンブルクの人気が増すにつれて薄れていく。

西部戦線――戦車の登場

参謀本部に着任したルーデンドルフは、九月六日、二年ぶりに西部戦線に赴き、ソンムの惨状にショックを受ける。新しい参謀本部は、「縦深《じゅうしん》防御」という戦術の下に、西部戦線の再構築を決める。第一線から八〜一〇キロメートルの奥行きを持つ、連続した防御線を構築する戦術である。

イギリス軍では、九月一五日、ヘイグが開発途上の戦車をソンムでのフレール＝コルスレットの戦いにおいて初めて使用した。飲料水を運ぶ車両に偽装するため「タンク」（水槽の意味もある）と呼ばれた戦車は、チャーチルの後押しもあって開発された兵器だったが、まだ技術的に完成の域に達していなかった。また戦車が開いた戦線に突入する歩兵も不足していたので、十分な戦果を挙げられない。

しかし、ヘイグはその有効性に気づき、一〇〇〇両の戦車を要求する。一方、ドイツ側は逆の教訓を得た。イギリス軍戦車の「失敗」を見て、戦車の開発をとくに急がないでよいと判断したのである。九月下旬からドイツ軍は、西部戦線でいわゆる「ヒンデンブルク線」（ドイツ側の呼び名は、「ジークフリート線」）を後方に構築し始め、縦深防御を実行に移す。

一〇月初め、ヘイグは、敵に休む暇を与えない方針をジョフルに伝え、冬までソンムの戦いを継続することにする。実際は悪天候のため一一月下旬からはまともな攻撃はできなくなったが、ソンムでは双方に犠牲が上積みされた。ソンムの戦いでのドイツの兵員損耗の推定は、四六万人強から六五万人と幅がある。後者でも、連合国軍の損耗六二万人強（うちイギリス軍は四二万人）とほぼ同じである。にもかかわらずヘイグは、一〇月の時点で、ドイツ軍の士気は限界に達していると強調し続けた。

図3－12「故障！」（ドイツ）。「立ち往生した攻勢」と副題にある。画は戦車の前身とも言える装輪装甲車。英仏の攻勢までが「故障」したことを示す。

一方、ヴェルダンの戦いではフランス軍が巻き返した。一〇月二四日、フランス軍はドゥオーモン堡塁を奪回し、一週間後にはヴォー堡塁も取り戻した。

ヴェルダン戦でのドイツ軍の戦死者は一四万人とも言われており、フランス軍も一六万人と推定される。あまりの激しさから「肉挽《ひ》き機」とも称されたヴェルダンの戦いは、かくも大きな犠牲を双方に強いたのである。

老皇帝の死去

同盟国軍がブカレストに迫り、バルカンでの勝利を確実にする二週間ほど前、オーストリアは悲報に打ちひしがれた。一九一六年一一月二一日、午後九時五分、皇帝フランツ・ヨーゼフ一世がウィーンのシェーンブルン宮殿の寝室で息を引き取ったのである。享年八六歳。在位六八年に及ぶ老皇帝は、死を迎える数時間前まで書類に署名するなど執務に携わっていた。彼はまさにこの帝国を体現し、その永続性の象徴でもあった。それが失われたのである。

すでにこの頃、オーストリアの食料不足は深刻で、ウィーンではこの年の五月と九月に食料を求める暴動が起きていた。一〇月にはオーストリア首相カール・フォン・シュテュルクがウィーンのレストランで暗殺されたが、報道ではその死よりも彼が何を食べていたかの方が注目を集める有り様であった。

揺らぎ始めた帝国で皇位を継承したのは、老皇帝の弟の孫に当たるカールである。フランスのブルボン家の流れをくむ妃（血筋から言えばフランス人である）を持つ、二九歳のカール一世は、即位の後に国民向けの宣言を発し、「痛ましいまでに失われた平和の祝福を余の臣民に取り戻すためにできる限りのことをする」と、強い平和への意思を示す。

戦時下の国民に向けてのこの平和のメッセージは異例と言えるもので、しかも言葉だけではなく、若き皇帝は講和をなしとげようと動き始める。

暗殺の日々

大戦勃発のきっかけがフェルディナント大公の暗殺であったように、第一次世界大戦の推移には暗殺が影のようにつきまとっている。

フランスが参戦する直前の一九一四年七月三一日には、フランス社会党のカリスマ指導者で、反戦平和を標榜《ひょうぼう》する国際社会主義運動（第二インター）を牽引していたジャン・ジョレスがナショナリストの凶弾に倒れている。彼が暗殺されなくても、フランス社会党は「防衛戦争」を支持していたので大きな路線変更はなかったろうが、ドイツの社会民主党も彼の死を追悼した。

彼の暗殺の二日前、ブリュッセルで第二インターの国際事務局会議があった。それに参加していたジョレスら各国社会主義者の中に、オーストリア社会民主党党首ヴィクトル・アドラーとその息子で党の要職にあったフリードリヒ・アドラーがいた。

ヴィクトルはドイツ社会民主党（一部を除いて参戦に回った）と連携し、戦争協力の道を選ぶ。開戦の翌月の八月、ヴィクトルはガリツィアの官憲に逮捕されて拘束されていた旧知のあるロシア人社会主義指導者の解放に尽力した。その人物は、無事解放されて家族ともどもスイスに移る。

それが後にロシア三月革命後の混乱の最中に、封印列車でペトログラード（開戦間もなく、ドイツ語の響きをもつペテルブルクという呼称を嫌って改称）に送り込まれるウラジーミル・レーニンであった。ヴィクトルが反戦の道を選んでいたら、レーニンの運命も変わっていたであろう。

一方、ヴィクトルの息子フリードリヒは父親と意見を異にし、党内少数派として強固な反戦平和を主張する。そして、一九一六年一〇月、「絶対主義、打倒！　我々は平和を望む！」と叫びながら、首相シュテュルクの暗殺に自ら手を染めた。彼は逮捕され、死刑を宣告されたが、数年後の大戦の終結が彼の命を救う。

ラスプーチン暗殺

シュテュルク暗殺の二ヵ月ほど後、ロシアでも国家の命運にかかわる重大な暗殺事件が起きた。ラスプーチンの暗殺である。

ロシア皇帝一家の一番の心配事は、皇太子アレクセイの血友病だったが、祈禱《きとう》僧ラスプーチンはその力で出血を止めたとされていた。それにより彼は皇帝夫妻からの厚い信頼を得て、権力の階段を上っていく。

ツァーが首都ペトログラードから遠く離れたマヒリョウの最高司令部に常駐するようにな

ると、宮廷ではアリックス皇后（ドイツの大公の娘で、ドイツ人であることからも不評を買っていた）とラスプーチンが、人事に影響力を振るうようになる。政府の大臣、とくにリベラル色の強い大臣たちは、ロシアの国会《ドゥーマ》が毛嫌いする反動的な人物たちにすげ替えられる。それでなくともツァーは、大戦期に目まぐるしく大臣を入れ替えた。二年八ヵ月で彼に仕えた首相は四人、陸相は五人、外相も三人に及ぶ。これでは一貫した政策は難しいであろう。

ロシア国内では、開戦後、一時的に愛国心は高まったものの、すぐに冷め、一九一五年夏頃からはストライキや暴動が頻発していた。一九一六年からは民衆の不満と批判の矛先は、ツァー自身に向けられるようになっていた。

図3－13「ラスプーチンの遺骸の上のツァー」（ドイツ）。「みなし子となった」とキャプションにある。ツァーはまるで、親を亡くした寄る辺のない幼児である。作者ハイネはドイツを代表する諷刺画家で雑誌の創設者。

一九一六年一二月末、「怪僧」と呼ばれたラスプーチンは、反感を持つ皇族らにペトログラードで暗殺された。彼の暗殺は、労働者、自由主義者のみならず、貴族社会にも不満がうっ積していることを示していた。反動的な右翼政治家の中でさえ、変革が必要と絶望的に考える者が現れた。すでにロシア国内は、革命の予兆で満ちつつあったのである。

「戦争に勝てる男」ロイド＝ジョージ参上

イギリスでは、戦争に対する取り組み方を変える人物が、登場しようとしていた。ヘイグが戦車を初めて使った九月のフレール＝コルスレットの戦いで長男を喪《うしな》い、酒浸りとなったアスキス首相は、その傷が癒えない一二月初め、さらなる試練に晒される。身内の自由党内で彼の戦争指導に不満を持つデーヴィッド・ロイド＝ジョージ陸相（キッチナーの後を継いでいた）が反旗を翻したのである。アスキスは退陣を表明したが、彼には再び組閣の大命が下りるという読みがあった。

しかし、そうはならなかった。国王から組閣を依頼されたのは保守党指導者のボナー・ローで、彼はロイド＝ジョージを推薦する。二人の政治家には、そういう筋書き（陰謀）があったのである。ボナー・ローが束ねる保守党の議員らは、アスキスと自由党の閣僚たち（ロイド＝ジョージは除く）の戦争への取り組みが手ぬるいと感じていた。アスキスは首相官邸のあるダウニング街を後にし、グレイも数日後に一一年間にわたり務めた外相ポストを去る。

こうしてロイド＝ジョージは、「戦争に勝てる男」という触れ込みで首相となった。彼はたった五人からなる戦時内閣を組織し、政策決定の質とスピードを高める一方、愛人（晩年の再婚相手）を個人秘書として精神面の支えとした。ロイド＝ジョージは、国家による経済や社会の統制を強め、イギリスを戦争に勝てるように変えて行く。
外相にはアーサー・バルフォアが就いたが、戦時内閣のメンバーにはなっていない。彼は外相就任の翌年の一九一七年一一月、ユダヤ民族のパレスチナ復帰を支持する書簡をユダヤ系貴族院議員に送る。これがバルフォア宣言である。この宣言は、アラブ民族の指導者と交わした別の約束と矛盾し、さらにフランスにシリアを与えるとしたサイクス・ピコ協定と三つ巴になって、戦後の中東問題、とくにパレスチナ問題の火種となったことはよく知られていよう。

図3−14「新しい“タンク”への乗員配置」（イギリス）。首相交代のきっかけとなった戦時内閣を戦車（マークⅠ雄型）に見立てている。真ん中がロイド＝ジョージ。予想される戦時内閣の顔ぶれのうち、ボナー・ロー（ロイド＝ジョージの左）、カーゾン卿（同右）は実際に入閣した。まだ組閣が決まらない段階のもの。

同じ頃、フランスでは、ヴェルダン戦の終盤でドイツ軍を押し戻したニヴェルが、元帥に祭り上げられたジョフルに代わり、総司令官として西部戦線のフランス軍の指揮を任された。攻勢主義者のニヴェルは、自分は一九一七年に敵の戦線の突破を図る「秘策」を知っていると英仏の政治家に請け合う。ただ、ニヴェルの就任は、フランス軍に災厄をもたらすことになる。

ドイツとアメリカの講和への働きかけ

一九一六年一一月、アメリカでは、ウィルソンが大統領に再選された。ウィルソンの選挙戦のスローガンは「我々を戦争から遠ざけておく」であった。しかし、彼の勝因は内政にあり、必ずしも反戦的な公約によるものではない。中立国アメリカはこの戦争で、主に連合国への輸出によって飛躍的な経済発展を遂げていた。

一九一六年一二月、ベートマンは潜水艦作戦で憤るアメリカをなだめることも視野に入れ、ドイツによる和平提案を献言する。カイザーは、提案を熱烈に支持した。彼は戦争に疲れ果てており、会議で「平和」という言葉を口にするだけで涙を流すような精神状態であったという。かくして、軍部との苦心の調整の末、ベートマンの講和の覚え書きは一二月一二日に発せられるが、連合国に拒否されてしまう。

ウィルソン大統領は、ベートマンの提案が拒絶される形勢にあると見てとって、一八日に自らの覚え書きを発し、交戦国の講和条件を聞こうとした。しかし、双方とも大統領の提案に熱意を持って対応しようとしなかった。

ドイツの和平提案が拒否されると、カイザーは和平への期待の反動から怒りを露わにして、ベルギー併合やフランス征服を口にするようになる。そのような状況下の一九一七年初め、再び無制限潜水艦作戦の問題が蒸し返されることになる。

第4章

一九一七年　アメリカ来たりてロシア去る

図4－1

図4－2

図4－1「本物の戦争をするつもりなのかい」（アメリカ）。巨人のカウボーイのウィルソンが、銃を抜こうとしている。作者ラマカースはオランダで反ドイツ的作品を発表し、中立侵犯の恐れで官憲に訴追され、1915年に活動の場をイギリスに移した。彼の画が気に入ったロイド＝ジョージは、アメリカを参戦させるため、彼をアメリカに向かわせる。ラマカースは、イギリス、フランス、アメリカなどの数多くの新聞・雑誌に実に多くの画を寄稿した。大戦で決定的な役割を果たしたと評価する向きもあるが、作風はプロパガンダ色が強い。

図4－2「文明の希望」（アメリカ）。アメリカの参戦を「文明の希望」とするところにアメリカ流の理想主義が感じられる。アメリカが戦争をするには大義が必要。ウィルソンも事あるごとに、そのような大義をメッセージとして送り続けた。作者マカッチャンは、記者も兼ねる行動的な諷刺画家。

無制限潜水艦作戦の再開――カイザーは何を思ったか？

一九一七年、ドイツは無制限潜水艦作戦を再開する。戦争の帰趨を大きく左右するこの決定は、どのようになされたのか。

ユトランド沖海戦での「勝利」宣言にもかかわらず、戦略的にはドイツに対する海上封鎖は変わらず、一九一六年後半からドイツの世論は無制限潜水艦作戦を声高に支持するようになった。ファルケンハインも、後任の英雄コンビも作戦を支持し、その事実は国民に広く知られていた。

さらにドイツ帝国議会の諸政党も作戦再開の支持に回り始め、ベートマンの立場は弱まる一方であった。そこに和平提案の失敗が追い打ちをかける。また、この作戦の障害とみなされていたドイツの潜水艦保有量も、飛躍的に高まっていた。実は、ドイツは主要国で潜水艦については もっとも後発で、一九一四年にはイギリス五五隻、フランス七七隻に対して、二八隻しか持っていなかった。しかし、ドイツ海軍は後発開発者の利益を享受し、より優れた潜水艦を時間をかけずに建造したのである。

無制限潜水艦作戦の積極的推進者たちは、作戦によって五ヵ月の間、イギリスの通商を破壊するだけで、イギリスは戦争から脱落するという甘い見通しを提示していた。彼らの理屈からすると、短期間で決着がつくので、アメリカの参戦は懸念するに足らないことになる。

カイザーは、そのような多分に希望的な観測に飛びついてしまう。

一九一七年一月八日、陸海軍関係者はカイザーに拝謁して、無制限潜水艦作戦に対する賛成を取りつけることに成功する。ベートマンはその席にいなかったし、カイザーはそれは海軍が決めることで彼には関係ないとさえ言い切る。九日、会議での反論を用意して来たベートマンも、既定路線となってしまった作戦計画に黙って従うしかなく、カイザーは二月一日より作戦を実行に移すという命令に署名した。一月の終わり、ベートマンはドイツ帝国議会で、自らが強く反対してきた作戦の実施をしわがれ声で発表する。

ツィンメルマン電報事件とアメリカ参戦

二月一日にドイツが無制限潜水艦作戦を再開すると、ウィルソン大統領はすぐにドイツとの外交関係断絶でこれに応える。しかし、大統領はすぐに参戦に動こうとはしない。

一九一六年一一月にドイツ外相となっていたツィンメルマンは、アメリカが参戦した場合に、メキシコでの反米感情の高まりを利用しようと考えた。一九一六年、ドイツに支援されたと言われるメキシコの「山賊」を捕まえるために、アメリカはジョン・パーシングを司令官とする遠征軍をメキシコに送り、メキシコ国民の怒りを買っていた。

ツィンメルマンは、一月一六日、駐メキシコ公使に転送するよう駐米ドイツ大使宛に電報を送った。その内容は、独米開戦の暁にはドイツと軍事同盟を結ぶようメキシコに持ちかけるものだった。軍事同盟の見返りとして、ドイツが勝利した時には、一八四六年から四八年のアメリカ＝メキシコ戦争でメキシコが失ったテキサスなどの領土を回復することが盛り込まれていた。彼は三種類のルートを使って電文を送ったが、イギリスの「四〇号室」はそれらをすべて解読してしまう。

二月下旬、イギリスは駐英アメリカ大使を通して、この情報を大統領に伝えた。ただし、「四〇号室」の存在を秘匿するために、アメリカがその情報を独自に得たと口裏を合わせる。ウィルソンは、商船を武装させる法案を議会に出すタイミングに合わせ、この情報を三月一日に公になるようにした。アメリカ世論は激昂し、法案も圧倒的多数で議会を通過した。おまけにこの種の情報戦では言い逃れが常道であるのに、ツィンメルマンは三日にその電文が「本物」であると認めてしまう。

また、同じ時期にロシアで革命が起きたのも（後述）、アメリカの参戦を後押しした。アメリカには専制主義のツァー率いるロシアを救援することに共感できない人々が多くいた。しかし、革命によりツァーは去ったので、参戦に反対する理由がなくなった。むしろロシアに芽生え始めた「民主主義」を守るため、ドイツと戦うべきとの考えまで出てくる。

三月中旬、アメリカ商船三隻が無警告でUボートに撃沈される事件が起きた。これを受けて、四月初め、ウィルソンは満を持して議会に宣戦布告の承認を求める（アメリカでは宣戦布告の権限は議会にある）。

「民主主義のために、世界は安全なものとされなければならない」とは、この時に述べた著名なフレーズである。四月四日に上院、六日に下院が、圧倒的多数で参戦を承認し、アメリカは連合国の側に立って参戦した。

アメリカの参戦により、日米は同盟こそ結んでいないが共通の敵を持つ「兄弟交戦国」となった。日米は五月からアメリカの日本移民問題と中国問題をめぐって交渉を始め、一一月二日に協定（石井・ランシング協定）を結んだ。これで日本は、中国における権益の確保・拡大の機会を得て、さらに山東出兵で冷え込んだ日米関係も改善できた。アメリカも、これで極東の問題を気にせずヨーロッパ戦線に兵力を注ぎこめるようになった。この後、日米は一九一八年八月、ロシア革命に武力干渉を行うためシベリアに共同出兵もしている。

無制限潜水艦作戦の他に選択肢はなかったのか？

この時期にドイツは、無制限潜水艦作戦を再開するしか手がなかったのだろうか。これまでドイツは、全体として優位に戦いを進めていた。ルーマニアを打ち負かし、ロシアも混乱しており、予見は難しかったにせよ革命で崩壊する途上にあった。

また、後に明らかになるように、フランス軍の士気は低下していたし、イギリスは資金不足で深刻な財政危機の瀬戸際にあった。さらにアメリカ国内でも、一九一六年秋にはイギリスのドイツ封鎖に対する怒りの声が上がり始めて、米英関係はどん底にあった。

「アメリカの参戦とそれに伴う包括的な援助がなければ、一九一七年の夏か秋には、イギリスは講和を求めざるを得なかっただろう」と歴史家のクラークは指摘し、ドイツが無制限潜水艦作戦を実施せず、アメリカを参戦させずにいたら、連合国の手によるドイツの敗北は「高い確率であり得なかった」と言う。

確かに「制限つき」の潜水艦作戦を仮に継続し、アメリカ市民に多少の犠牲が出続けたとしても、それだけでアメリカが自ら参戦に向かったとは思えない。では、ドイツは、ただ待っていればよかったのだろうか。後知恵をもって歴史を見ればそう言えそうである。しかし、政策決定者にとっては待つこともリスクであり、積極的に何かをしたいという誘惑を抑えるのは往々にして難しいのだ。

ロシア三月革命とツァーの退位

一九一七年に入っても、ロシアは革命の予兆に満ちていたが、皇帝ニコライ二世はマヒリョウで、ストローンの表現を借りれば「戦争も革命の脅威もない幻想の世界に引きこもって」いた。彼はペトログラードやモスクワの状況を、肌で感じることができなかった。

開戦後、ペトログラードでは戦時産業が急成長し人口も急増する。増加したのは労働者で、彼らの賃金は増えたもののインフレはそれを上回り、軍への供給を優先したため食料は慢性的に不足するようになってしまう。一九一七年一月二二日、ペトログラードでは一五万人が

図4−3「ようこそ、シベリアへ！」（ドイツ）。シベリアに移送されたニコライの不吉な運命を予見している。そして、そうなった。

デモに参加した。ほとんどの人々は飢えに抗議するためだったが、中には反戦と専制打倒を掲げる一派もいた。他の都市にもデモは広がる。

三月八日、ペトログラードで繊維産業の女性労働者がパンを求めるデモに繰り出し、これを発端に二日で二〇万の労働者がストライキを始める。さらに労働者を鎮圧すべき守備隊は、かえって労働者の側について反乱を起こす始末。ツァーは急な事態の変化を受けて、慌てて首都に戻ろうとするが、すぐには戻れない。

首都で国会《ドゥーマ》は暫定委員会（暫定政府）を発足させ、委員会は皇帝に退位を求めることを決めた。軍司令官レベルでも退位を求める動きが起こり、遠方の将軍たちにも意見が求められた。ブルシーロフは、退位によってのみ君主制とロシアの続戦能力が維持されると主張した。ニコライ大公も退位に賛成する。

三月一五日午前、将軍たちの総意は退位で固まる。首都へ向かう途上の町で、ツァーはそれを伝えられ、退位を促された。軍の支持なしでは他に選択肢はない。ツァーは退位を了承し、午後三時に特に感情的にもならず手続きの書類に署名する。

その日、暫定政府の代表らは遅れてツァーに退位を迫りに来るが、すでに将軍たちの手でそれがなされたことを知り、肩すかしを食らう。それでも二度目の署名をツァーにしてもらい、退位の書類を差し替えた。その日の日記にツァーは、「反逆、臆病、ペテンがいたるところにある」と本音を書き記している。ツァーは帝位を弟に譲ろうとしたが、弟はそれを拒み、かくしてロマノフ朝は三〇〇年に及ぶ歴史に幕を下ろす。

この三月革命（ロシア暦では二月革命）で、ロシアには国会《ドゥーマ》による臨時政府が組織され戦

図4－4「自己破壊」（ドイツ）。1917年7月、ジョージ五世は、王室の呼称をハノーヴァー朝からウィンザー朝へと変えた。イギリス王家はもともとドイツ系であるが、大戦で反ドイツ感情が高まったことからイギリス風に改称したのである。この画では、ザクセン・コーブルク・ゴータ家（ドイツ系）出身のジョージ王と記された肖像画をジョージが切り裂いている。オスカー・ワイルドの小説『ドリアン・グレイの肖像』を下敷きに、グレイの呪われた運命をジョージに重ね合わせようとしている。

争を継続したが、一方には労働者や兵士によって組織された評議会を意味するソヴィエトがあり、臨時政府はソヴィエトと対立することになる。

退位したニコライは、ペトログラード南郊のツァールスコエ・セローの宮殿に家族とともに拘禁された。臨時政府内の穏健派は、ニコライ一家の受け入れをイギリスに極秘で打診する。ジョージ五世は当初は乗り気であったが、最終的にはニコライの受け入れは難しいと政府も判断する。

革命がイギリスに波及することを恐れたとも言われるが、仮に了承したとしても、イギリスまで行ける可能性は低かったかもしれない。夏に宮殿は閉鎖され、ニコライ一家はウラル山脈の東の古都トボリスクに移送された。

コンラート解任と秘密和平交渉

オーストリアにも新帝の登場とともに、変化の波が押し寄せていた。カール一世はまず外相をオットカール・チェルニンとした。チェルニンは講和に熱心であったと言われるが、人格的に何かと物議をかもす人物でもあった。

そして、一九一四年の開戦時のタカ派を一掃しようと考えた皇帝カールが、次に取り組んだのは、参謀総長の交替である。ただ、コンラートはなかなか手ごわい。カールは陸軍総司令部をウィーンの南のバーデンに移転する問題と絡めて、コンラート外しを図る。総司令部の移転は、同時にドイツから距離を置くことも象徴していた。移転に反対したコンラートは孤立し、一九一七年二月二七日に不承不承、辞任する。

コンラートの事実上の解任には、彼が離婚歴のある新妻を総司令部に出入りさせたのも影響したと言われる。離婚を否定するカソリックの熱心な信者であるカールは、その振る舞いが気に入らなかったのだ。コンラートはそれまでの功績からマリア・テレジア大十字勲章を受けて、イタリア戦線の司令官に任命される。

この頃、カールは「フランス人」の皇后ツィタの兄ら（ブルボン・パルマ家の王子たち）を通して秘密裏に和平交渉を進めていた。市民を装ってスイス国境を渡って来た王子らは、三月二七日の夜、吹雪の中、ウィーンの南のラクセンブルク城に入り、皇帝夫妻に会う。

こうしてまとめられたのが、アルザス＝ロレーヌ地方のフランスへの返還を個人的には支持するという内容を含む「ラクセンブルク書簡」である。皇后も、そのフランス語の文言の起草を手伝っている。書簡はフランス首相を満足させ、ロイド＝ジョージもその気にさせる。ドイツに対しては裏切りとなる、新帝による和平交渉は具体化しつつあった。

カナダ軍、栄光の戦い

西部戦線では、一九一七年二月上旬から三月中旬にかけて、ドイツ軍が計画的にヒンデンブルク線（おおまかに言えば、フランス北部のアラス近くからソワッソンの東までをゆるやかに結ぶ線）まで撤退をして守りを強化した。多大な犠牲を払って得た戦線の突出部は放棄されたが、戦線の縮小で兵員も節約できた。

一方、西部戦線のフランス軍を指揮するニヴェル将軍は、就任以来、自分の攻撃計画を売り込み続けていた。彼はフランスの首相のみならず、英首相ロイド＝ジョージの支持も得たため、二月の終わりにヘイグもしぶしぶ攻撃計画に同意する。ロイド＝ジョージは、ソンムの経験から、自国の将軍の能力がフランスの将軍よりも劣るのではないかと考えていた。そのためヘイグは、来たるべき大攻勢で事実上、ニヴェルの指揮下に入ることになってしまう。ただ、フランス政府内では陸相が、ニヴェルの攻撃計画は無責任で悲惨な結果に終わる恐れがあると抵抗して三月半ばに辞任した。折しもロシアにおける革命は、革命の本家フランスの政治にも影響を及ぼし、内閣は交替する。

四月初め、ドイツ軍に攻撃計画の詳細が漏れている可能性があったにもかかわらず、「傲慢な」ニヴェルは、再度延期されれば辞任すると脅して、強引に攻勢を推し進めた。フランス軍の攻撃を側面支援する意図から、九日、イギリス軍（とそれに含まれるカナダ軍団）は先にアラスで攻撃を始める。アメリカが対ドイツ宣戦布告をして三日後のことである。

イギリス軍はソンムの戦いから教訓を得ていて、準備砲撃はソンムの二倍の激しさであった。砲弾も技術的に進歩しており、大量に用いられた毒ガスはドイツ軍の補給を担う軍馬を襲い、敵の砲撃を沈黙させる。続いて攻撃部隊が突撃した。長く続く砲撃を予想してドイツ軍は予備兵力を後方遠くに置いていたので、兵力ではイギリス軍が優位に立った。
この攻勢で、冬の間に攻撃訓練を受けていたカナダ軍団は、味方の援護砲撃を受けながら進み、アラスの北にあるヴィミーの尾根の高地を奪取し、一万三〇〇〇人を捕虜にする。ドイツ軍を相手にしての難攻不落と思われたヴィミー丘陵の攻略は、カナダ軍の国民的勝利として、カナダ国民の記憶に刻まれることになる。ガリポリのアンザック軍と比べれば、はるかに幸福な国民軍の誕生と言えよう。

図4－5「彼は知りたい」（カナダ）。「ヴィミーの尾根」と記された包帯を巻いたヒンデンブルクが、カナダ人とアメリカ人の関係を知りたがっている。隣にいるのは元駐米ドイツ大使。この頃、カナダ軍は、カウボーイハットのジョン・カナックとしても描かれた。

このアラスの戦いで、結果的にイギリス軍はドイツ軍よりも多くの損耗人員を出すが、ドイツ軍を引きつけてフランス軍の攻撃を助けるという所期の目的は十分に達成する。

ニヴェル攻勢――フランス軍の内部崩壊

一方、満を持してニヴェルは、準備砲撃の後、四月一六日、二〇個師団でエーヌ川沿いの前線（ソワッソンとランスの間）で攻勢を開始した。ドイツ軍は二月にフランス軍の攻撃計画に関する重要書類を入手していたので

図4−6「ニヴェル将軍、地ならしをする人」（フランス）。タイトルは、地ならしをする人（ニヴェレール）とニヴェルを掛け合わせたもの。それで絵の中でニヴェルは、ドイツ兵に地ならしの槌を打っているのである。

（上層部にいる反ニヴェルの誰かがリークしたとさえ言われる）、準備期間も十分あり、攻勢を予期して二一個師団を前線に、反撃のための一五個の予備師団を背後に置いて、フランス軍を待ち受けていた。

初日でフランス軍は八～九キロメートル奥まで進む予定だったが、ドイツ軍の猛反撃を受けてわずか五五〇メートルほどしか進めない。おまけに初日の死傷・行方不明者は、ニヴェルの予測の一万人を大きく上回り、五日間で一三万人に及んだ。また一三二両の戦車も投入されたが、初日で五七両が破壊され、六四両が動かなくなってしまう。戦闘機も多く撃墜された。あらゆる点でフランス軍の完敗であった。ニヴェルが自信を持っていた「秘策」は、歩兵の前進速度に合わせて、その前を効果的に砲撃して行く移動弾幕射撃だったが、ドイツ軍の堅い防御で功を奏さなかった。

初期の攻勢の失敗は、フランス軍に深刻な士気の低下をもたらした。兵士たちは前線には留まったものの、新たな攻撃に消極的になる。拙劣な指揮、無能な上官、劣悪な待遇への不満もあって四月下旬から反逆・抗命が広がり、それは五月に増え続け、六月に頂点に達する。その影響は六八個師団に及んだ。

ニヴェルは五月に総司令官を解任された。後任には、ヴェルダンでニヴェルに事実上指揮官の地位を追われたペタンが就く。ペタンはすぐに指令を下して、フランス軍に防御態勢を取らせることにする。「戦車とアメリカ軍を待つ」戦略に切り替えたのである。

ペタンは軍規違反にも自制心を持って対処し、死刑宣告を受けた六〇〇人を超える反乱兵士のうち処刑されたのはわずか四三人であった（そのペタン自身、第二次世界大戦後、対独協力により死刑宣告を受け、第一次世界大戦中に彼の直属の部下だったこともあるドゴールに減刑された）。ただ、フランス軍にとって幸いだったのは、軍内での反乱の横行について、ルーデンドルフが六月末まで気づかないでいたことである。

オーストリアの秘密和平交渉の挫折

一九一七年四月上旬、オーストリア皇帝カール一世は、ドイツでカイザーと会っている。カールはもちろん、「ラクセンブルク書簡」についてはドイツ側に伏せる。会談でカールは、戦勝後の独墺の分け前、とりわけポーランドの領有問題でドイツに妥協する姿勢を見せたが、それはアルザス＝ロレーヌをドイツに返還させるための布石でもあった。

会談を終えてウィーンに戻ったカールを待っていたのは、アメリカの対独参戦の知らせであった。カールはカイザーに、オーストリアの軍事力は尽きかけており冬まで持たないと伝え、戦闘停止を訴えた。

オーストリアの状況はそこまで悪かったのだろうか。確かに国内の食料不足は深刻になっていた。他方で、この時点での戦況自体は悪くはなかった。革命でロシアの軍事的圧力は削がれ、セルビア、ルーマニアも中央同盟国の支配下にあり、イタリアも恐るるに足りなかった。

逆に言えば、オーストリアにとってはある程度は満足のいく状態であり、多少の犠牲を払ってもここで講和するのが得策であったと言えよう。だが、ドイツ、とくに英雄コンビにとっては、この時点の和平はあり得ない話であった。

一方、ニヴェル攻勢の最中の四月一九日、英仏首相は「ラクセンブルク書簡」のことは伏せてイタリア外相と会談し、オーストリアと連合国の「単独」講和の話を持ち掛ける。しかし、イタリア外相は連合国離脱にさえ言及して強く拒否をした。

イタリアは、参戦時に連合国側が約束した「未回収のイタリア」の返還という分け前が得られなくなることに怒ったのである。かくして、カールの外交上の冒険は挫折したが、残されたラクセンブルク書簡は、時限爆弾となって密かに時を刻んでいく。

空をめぐる戦い

一九一七年五月、ドイツ軍はゴータ爆撃機を使ってロンドン空襲を始めた。当初こそ昼間の攻撃であったが、その後、夜間の爆撃に切り替える。イギリス側も灯火管制、サーチライト、対空砲、さらには迎撃用の戦闘機を用いてゴータを迎え撃つ。損害の拡大もあって、翌一八年五月にドイツ軍は空襲を止めたが、それまでにゴータは四〇〇回近く出撃した。

それ以前から空での戦いは始まっており、第一次世界大戦は、航空機が本格的に使用された最初の大規模な戦争となった。航空機は偵察や索敵、砲撃支援に初めは用いられ、それを迎え撃つために戦闘機が本格的に投入されている。

航空機は爆撃にも使われたが、当初はその積載能力から重い爆弾を運ぶことはできなかった。そのため開戦後にドイツが活用していたのは、飛行船ツェッペリンである。ツェッペリンは、早くも一九一四年八月にベルギーのリエージュやアントワープを爆撃している。

その後、一九一五年一月から、ツェッペリンはイギリス東海岸の爆撃を行い、五月からはロンドン空襲を始める。大戦で活躍した英軍パイロットを父に持つ国際政治学者スーザン・ストレンジは、この爆撃を「イギリスにとって、一一世紀の征服王ウィリアム以来の外国による侵犯であった」と書いている。

爆撃をしやすい天候を選んでツェッペリンはやってくる。イギリス軍は無線の傍受でツェッペリンの来襲を把握できたが、その頃は破壊する術がなかった。開戦から二年ほどは、ツェッペリンはほとんど撃墜されず、爆撃範囲を広げていった。この爆撃の影響は、戦争全体

図4-7「ヴィルヘルムよ、これはジョークではないよ」（イギリス）。1916年3月末にツェッペリンがイギリス軍の対空砲火を受け、テムズ川河口の先の海に撃墜された実際の出来事を題材にしている。タイトルはそのことを強調。ゆっくりと落ちたので、乗員の死亡は1名のみ。この頃からツェッペリンは、使われなくなってゆく。

から見れば微々たるものだが、灯火管制を強いるなど市民生活に与えた影響は大きい。

しかし、一九一六年九月からイギリス軍は高性能の対空砲と爆発性の弾薬を備えた戦闘機を投入し、ツェッペリンを撃ち落とすようになった。そこでドイツ軍が新たに投入したのがゴータ爆撃機だったのだ。

ツェッペリンとゴータの空襲によるイギリス市民の被害は、一四〇〇人余りである。連合国側も同様の爆撃をドイツにしており、市民の犠牲は七四〇人ほどである。第二次世界大戦での戦略爆撃の被害とは比べものにならないくらい少ないが（たとえば、一九四五年三月の東京大空襲では一夜でおよそ一〇万人が亡くなっている）、その嚆矢《こうし》と言えよう。

ヘイグの出番——泥まみれの戦い

六月二日、ペタンはヘイグに会い、フランス軍は軍内部の反乱のため、この先のイギリス軍の攻勢に応援を送ることができないと率直に伝えた。イギリス軍はそのような軍規の乱れに悩まされてはいない。その五日後の六月七日、イギリス第二軍が、自軍の守備範囲であるフランダース地方で、かねてから入念に準備した作戦を決行した。午前三時一〇分、同地方メッシーネのドイツ軍前線陣地の地下にイギリス軍が張り巡らせた坑道で、合計で五〇〇トンの威力を持つ一九の巨大な地雷（爆薬）が一斉に爆発した。

遠くにいた者は、轟音《ごうおん》とともに、巨大な土のキノコが地中からゆっくりと盛り上がり、次いで火柱が立ち、土くれと破片が空中に飛び散る光景を目撃する。一万ものドイツ兵が即死するか生き埋めになった。

後に首相となるアンソニー・イーデンは、若き将校として爆破後に突撃する部隊にいて、爆発音の中にドイツ兵の悲鳴を聞いたという。爆破後の戦闘では、驚愕《きょうがく》した七〇〇〇人を超えるドイツ兵が捕虜になった。巨大な地雷のうち二つは不発に終わり、そのうちの一つは未だに発見されずに地下に埋まっているともいう。

爆破作戦は成功に終わったものの、この頃、ヘイグはロイド＝ジョージ内閣の閣僚たちから、大規模な攻勢計画の承認をなかなか得られずにいた。七月二〇日に内閣は折れてやっと計画を承認するが、うまく行かない場合にはすぐにやめるという条件つきであった。

かくして七月三一日から、第三次イープル戦とも、パッシェンデールの戦いとも呼ばれるイギリス軍の大攻勢が始まる。八月の悪天候でイープルの土地はぬかるみ、イギリス軍の砲撃の効果を減じた。戦果は乏しく死傷者は増える一方であったが、ヘイグの指揮下の軍司令官たちは攻撃中止を考えなかった。一〇月初め、ヘイグはこの攻勢を中止するように要請されるが、それを拒否して、一二日にはイープルの東パッシェンデールで攻勢をかけた。

しかし、尋常でない雨がちの天候がまたしても災いし、おまけに砲撃で破壊されたため排水設備が機能せず、戦場北部は湿地帯と化してしまい、進撃もままならなくなってしまう。一一月半ばまでに、イギリス軍の損耗は二七万五〇〇〇人に達する。そのうち七万人が戦死である。さしものイギリス軍にも、アルコール依存症になったり精神異常を来たす者や、脱走が増え始めたが、少なくともフランス軍のような反乱にはいたらない。

大戦を通して、犠牲を厭《いと》わず、批判も物ともしないヘイグの精神力には驚くが、その源泉はどこにあったのだろうか。彼は信心深い長老派教会の信者で、神の御加護を信じて、つまずきを試練だと前向きに解釈する精神的な強さを持っていたのである。それを「司令官に望ましくない資質ではない」とストローンは評している。

戦後、ヘイグは一九二〇年に軍を去り、その後は退役軍人の待遇改善に携わる。一九二八年に六六歳で他界。葬儀は国葬で盛大に行われた。

パッシェンデールの戦いは、イギリス陸軍史上でも最悪の戦いと評されることがあるが、果たしてそうであったろうか。確かに戦果は乏しく犠牲ばかりが目立つ。しかし、ドイツ軍

㊧図4－8「鉄壁の前線」（ドイツ）
㊨図4－9「その“突破不能”のヒンデンブルク線」（イギリス）
左の図は、ヒンデンブルク線が難攻不落であることを示している。ヒンデンブルクが神格化されているようにも見える。右の図では、そのヒンデンブルクが「1インチたりとも私を動かせない」と言っているが、ヘイグの腕で8キロメートル後方に追いやられている。

にも相応の損害をもたらしていたことが、こんにちの研究ではわかっている。また、連合国全体というより大きな視点から見ると、戦いの評価も変わる。その頃、常備軍が少ないアメリカ軍は当分当てにはできなかったし、フランス軍は内部から崩壊する危険をはらんでいた。ロシアは革命の混乱の中でかろうじて東部戦線を維持するのみで、イタリア軍は相変わらず守備的なオーストリア軍に手こずっていた。そのような状況下にあって、イギリス軍のみが踏ん張ったとも言える。イギリス陸軍にとっては「最悪」であっても、連合国全体からすると価値ある最悪の戦いであったとも言えそうである。海でもUボートに対して、イギリスの戦いが続けられていた。

Uボートと護送船団——ロイド＝ジョージ「最大の手柄」？

一九一七年、ドイツ軍は西部戦線で目立った攻勢をしていない。ドイツにとってこの年は、Uボートの年として記憶されることになった。ドイツ海軍軍令部長ヘニング・フォン・ホルツェンドルフは、一九一六年一二月のカイザーへのメモで、一ヵ月に六〇万トン以上のイギリスに向かう商船を沈め、これを五ヵ月続ければ、イギリスは講和を求めざるを得なくなると計算していた。

実際、Uボートは四月に八八万トンを沈め、五月もおよそ六〇万トン、六月も六九万トン、七月、八月もそれぞれ五六万、五一万トンを沈めた。計算が正しければ、イギリスは悲鳴を上げて泣きついてくるはずである。しかし、イギリスは屈服しない。一番心配された食料不足の問題については、開戦後、未耕作地で耕作が始まり食料の自給力は向上し、配給制度も機能し、さらにイギリス国民の食事の内容もより健康的なものに変化していた。おまけに、アメリカも加わったため、英米二国は、失われた分を上回る船舶を生産できるようになっていた。

一方、Uボート対策として、イギリス海軍はアメリカ海軍と連携して、五月から「護送船団」方式を採用して段階的に強化する。商船を船団としてまとめて、これを駆逐艦が護送するやり方である。夏過ぎからその効果ははっきりし、九月から一二月の四ヵ月の沈没総トン数は一五〇万トンと一ヵ月平均でも三八万トンを下回るようになる。

　連合国がUボート戦に勝利した理由は、いくつかある。まずは船団で固まって行動するため、広い海ではかえってUボートから見つけられにくくなった点がある。また、アメリカの参戦で、より多くの駆逐艦が護送に当たったのも大きいだろう。さらに五月から「四〇号室」は海軍情報部の下に置かれるようになり、海軍本部は「四〇号室」が解読したUボート情報を無線で直接、護送する駆逐艦に送れるようになった点も挙げられる。

　この護送船団方式の採用は、しぶる海軍省に乗り込んで、ロイド＝ジョージ首相が自らの責任で決断したとされている。歴史家テイラーは、この行為をロイド＝ジョージの「最大の手柄」と讃えている。ただ、これにはある程度の誇張もある。実は、首相にこの方式を進言したのは、内閣秘書官で、首相は必ずしもすぐに行動したのではなかった。また、首相が乗り込んできた時には、第一海軍卿のジェリコーはすでにその方式を了承していたので、劇的に方針を変えたとも言えない。

　現在の研究がより重要だと指摘するのは、無制限潜水艦作戦の実施によって、ドイツが経済的に自らの首を絞める結果になった点である。作戦により、ドイツに隣接するヨーロッパの中立国に運ばれる物資は激減し、結果的にドイツの輸入は滞ってしまう。皮肉なことに、イギリスを飢えさせる目的で始めた作戦は、逆にドイツを飢えさせることに一役買ってしまったのである。

宰相ベートマン去る

ベートマンは最終的には無制限潜水艦作戦に同意したものの、それでもヒンデンブルクとルーデンドルフにとって目の上のタンコブであることは変わりはなかった。参謀本部の二人は、彼を失脚させるべくその機会をうかがっていた。三月以降、ドイツ国内ではロシア三月革命の影響で左派が勢いを増していた。カイザーはベートマンの助言を受けて、「戦後」の選挙制度改革の約束などを発表したが、改革要求は止まらない。さらに帝国議会は「講和決議」の動議を議論し、戦争遂行に「介入」し始めていた。

七月初め、参謀本部の二人は、ベートマンが早急な選挙制度改革の実施を発表するようカイザーに迫っていることを知る。二人はベルリンに急遽やって来て、カイザーにベートマンの解任を要求する。カイザーはベートマンを守り、一一日に改革実施を発表する。すると翌日、二人は、これ以上ベートマンと一緒にやれないと、辞任の意向を電話でカイザーに伝えてきた。すなわち、自分たちを取るか、ベートマンを取るかを迫ったのである。カイザーはひどく怒り、ベートマンに対して二人に屈服しないことを請け合う。

その後、カイザーは七月一三日にヒンデンブルクと会ったが、その辞任の意志は想像以上に堅かった。たとえ本人たちの申し出であるにせよ、ドイツ国民が人気のある英雄コンビの辞任を許さないのは明らかである。追い詰められたカイザーは「余は退位することもできる」と落胆しながらベートマンに語った。宰相ベートマンはコンビとの争いに疲れ果てていたし、カイザーを板挟みの苦境から救いたいとも願っていた。宰相は自ら去るべき時が来たと悟り、その日のうちに辞任する。

後任には、ゲオルク・ミヒャエリスというカイザーがほとんど知らない人物が就いた。有能な官僚という触れ込みで、英雄コンビも即座に了承した。ミヒャエリスは日本と縁があり、明治期におよそ四年、日本の独逸学協会学校（獨協大学の前身）で法律を教えている。ただ、議会との対立などもあり、宰相は一一月一日にバイエルン王国の総理大臣であった高齢のゲ

図4－10「お払い箱にされたお払い箱にする人」（イギリス）。ベートマン辞任を扱っている。自らの命令で自らがスクラップにされている。カイザーはそれを見ながら、部屋を出ようとしている。開戦前、ベートマンがイギリス大使に「単なるスクラップ文書」のベルギー中立条約をめぐって、どうやってイギリスが参戦するのかと尋ねたことを皮肉っている。作者レイヴン＝ヒルも印象的な作品を数多く残した。

オルク・フォン・ヘルトリング伯爵にすげ替えられた。彼には英雄コンビを押さえ込む力はない。

カポレット──またも負けたかイタリア軍

一九一七年五月から九月にかけて、イタリア軍はイゾンツォで第一〇次と第一一次の攻勢をしかけたが、犠牲の多さに比して戦果は乏しかった。中でも第一一次の攻勢では、損耗が一六万六〇〇〇人に及び、脱走兵(捕虜ではなく脱走である)は五〇〇〇〇人を超えている。

指揮を執るルイージ・カドルナ将軍は、戦争はイタリアの小作農たちを、国民としての自覚を持つ「イタリア人」にする好機だと考えていた。カドルナの「武器」は厳格な規律であったが、それによって兵士の性質がいきなり変わるようなことはなかった。結果的に戦争中、イタリア兵の実に一七人に一人が軍規違反に問われ、そのうち六割が有罪となった。

厳格なカドルナでさえ、一九一七年の秋には連戦の疲れで兵士たちに休みが必要と考え始めていたが、中央同盟国軍は待ってくれない。ルーデンドルフは、執拗なイタリア軍の攻撃によりオーストリア軍は突破を許してしまうのではないかと恐れ始め、イタリア戦線に初めてドイツ軍を投入したのである。

独墺軍は一〇月二四日にカポレットで攻勢を開始する(第一二次イゾンツォの戦いとも呼ぶ)。短期間であるが集中的な砲撃で敵の砲列を叩いた後、ドイツ軍四個師団を含む同盟国軍は突撃を開始し、難なくイタリア軍の戦線を突破する（次に述べる「浸透戦術」である）。この戦いに加わったエルヴィン・ロンメル中尉（後のドイツ陸軍元帥、通称「砂漠のキツネ」）は、敵の防御地域に進撃すればするほど、敵の守備隊の準備が間に合わなくなり戦いが容易になったと書き記している。一一月半ばまでで、同盟国軍は一〇〇キロメートル近くもイタリア軍を押し戻し、ヴェネツィアまで三〇キロメートルほどの地点まで迫る。

興味深いのは、イタリア軍の損耗とその内訳で、損耗人員は七〇万人近くに及んだものの死傷者は四万人にすぎず、二八万人が捕虜となり、その多くは部隊ごと無傷なままで投降していた。さらに、実におよそ三五万人が脱走していた。彼らは、カドルナの望むような「イタリア人」にはなれなかったのである。

図4－11「満足しているカドルナ」（ドイツ）。完敗を喫したカドルナ。なぜ満足しているかと言うと、砲も装備も制服もなく、新しく生まれ変わったように感じられるからと説明にある。

イタリア情勢に暗雲が漂ったため、一一月初め、英仏の首相と司令官はラッパロに集まって、新たに就任したイタリア首相も交えてイタリア支援の会議を持つ。イタリア首相は、会議でイタリア人は「召使のように扱われた」と不満を述べているが、その戦いぶりからは無理からぬことだろう。会議では、イタリア戦線を支えるために英仏が一一個師団を送ることが決まる。

カドルナは会議に欠席した。そして、彼は独墺軍の数を過大に見積もることで、自身の無能を覆い隠そうとし、参謀総長辞任の要求にも抵抗したが、最終的に解任された。後任にはアルマンド・ディアズが就く。彼は「イタリアのペタン」とも言うべき人物で、兵士の休暇、配給を改善し、無理な攻勢は行わず、防御を優先する戦略をとる。英仏軍の到来もあって、この後、イタリア戦線は何とか持ちこたえていく。

ロシア一一月革命——レーニンとトロツキー

ロシアは三月革命後、レーニンとトロツキーという二人の革命家の登場により変わろうとしていた。

レーニンは四月一六日、ペトログラードのフィンランド駅に降り立った。彼を乗せた列車は、「封印」をされてドイツ国内を通過し、中立国スウェーデン、ロシア領フィンランドを経て来たのである。

彼を革命後の混乱が続くロシアに送り込んだのは、ドイツのツィンメルマン外相である。ドイツ帝国がマルクス主義者の革命家を「応援」するのは、明らかに矛盾しており、また危険でもあったが、ツィンメルマンはカイザーと軍部を説得して、このロシア内部を混乱させる「奇策」に打って出たのである。それは予想以上の成果を挙げることになる。

もう一人の革命家トロツキーは、三月革命時はニューヨークにいた。彼は革命の報に接して母国ロシアに戻ろうとしたが、イギリス海軍によりカナダに抑留されてしまう。ロシアの臨時政府は解放を要求し、イギリス側がこれに応じて、トロツキーは五月初めにロシアへ舞い戻った。

三月革命以降もロシアは戦い続けていた。臨時政府の陸相、次いで代表となったアレクサンドル・ケレンスキーは、七月に攻勢に打って出るが失敗する。革命後、最高司令官となっていたブルシーロフも、八月初めに交代となった。九月の初め、ドイツ第八軍はバルト海に面するリガをまたたく間に攻略し、ペトログラードに迫る。ドイツ軍の成功は、司令官オスカー・フォン・フーチェルが編み出した「浸透戦術」によるものだ。短時間、火砲で弾幕射撃を行い、その後に軽機関銃、火炎放射器、迫撃砲で重武装した歩兵中隊が進撃する戦術である。この戦術は、先に述べたカポレットや後の一九一八年の春季大攻勢でも用いられた。

図4－12「ロシアでの平和をめぐる闘争」（ドイツ）。レーニン（熊。講和派）とケレンスキー（白鳥。継戦派）が、講和か継戦かで争っている。

ロシアの首都では臨時政府と労働者・兵

図4－13「ポアンカレと彼の子分の虎“クレマンソー”」（ドイツ）。調教師ポアンカレが鞭を片手に、虎のクレマンソーを舞台に出したところ。クレマンソー指名をさす。

士の評議会であるソヴィエトが対立して、二重権力状態になっていた。ソヴィエトは、無併合・無賠償の講和路線を支持しており、その内部で急速に勢力を拡大したのが、封印列車でやってきたレーニン率いる党派ボリシェヴィキである。ボリシェヴィキに入党したトロッキーは、ペトログラード・ソヴィエトの軍事部門の指導者となる。ボリシェヴィキは、一一月に武装蜂起をして、臨時政府を倒し権力を掌握する。

これが一一月革命で、蜂起の立役者はトロッキーであった。レーニンを指導者とするボリシェヴィキの新政権はすぐに即時休戦を宣言し、一二月にはドイツ、オーストリアと休戦協定を結び連合国から離脱する。ツィンメルマンの戦略は、成果をもたらしたのだ。

咆哮するフランスの「虎」クレマンソー

ロシアで一一月革命の嵐が吹き荒れていた頃、フランスの大統領ポアンカレは迷いに迷っていた。講和を求めるか、断固それを拒否するかをめぐって内閣が倒れ、次の首相を決めねばならなかったのである。

候補は、妥協的平和を主唱していたジョゼフ・カイヨーと、断固として戦い抜く不退転の決意に満ちていたジョルジュ・クレマンソーという正反対の二人である。悩み抜いた末、大統領は個人的には嫌っていたものの、強烈な個性の持ち主である七六歳のクレマンソーを選んだ。クレマンソーは「虎」という異名を持っていたが、それは国内政治で激しく政敵を攻撃してきたためである。今度はその虎の牙が、ドイツに向けられることになる。クレマンソーは一一月一六日に首相と陸軍大臣に就任した。

図4-14「パリ・グランド・オペラでの“サロメ”」(ドイツ)。首切り人クレマンソー。囚人は反逆罪で逮捕・起訴された彼の政敵の元首相カイヨー。左のフランスを擬人化したマリアンネ（フリジア帽をかぶっている）は戸惑っている。オスカー・ワイルドの戯曲『サロメ』(フランス語で書かれ、後にリヒャルト・シュトラウス作曲でオペラ化）を基にしている。

ロイド＝ジョージと「虎」は驚くほど似ていた。二人とも政治的には過激であった経歴を持ち、国民的な人気があり、国家が強力な指導者を必要とする時にともに登場し、戦争指導で強力なリーダーシップを発揮するのである。

第一次世界大戦はしばしば「総力戦」と呼ばれるが、ストローンによれば、この言葉を造ったのはクレマンソーの政府であったという。実際、クレマンソーはフランスの全資源を戦争遂行に投入しようとした。そのような体制が、民主主義的というよりも全体主義的であったことは言うに及ばない。クレマンソーは、ほとんど濡れ衣に近い国家反逆罪の容疑で妥協派のカイヨーを逮捕し、国内の引き締めを図る。こうしてフランスは、いまや東部戦線の脅威がほとんどなくなったドイツと、西部戦線で全面対決の準備をしたのである。

メソポタミアの戦いとエルサレム占領

これまで触れてこなかった、中東でのイギリス帝国とトルコの戦いも見ておこう。このエリアでは、ダーダネルス遠征とともにイギリスの手痛い敗北として語られる戦いがある。それは、一九一五年に始まり一六年に終わったメソポタミア（今のイラクにほぼ相当）の戦いである。

イギリス領インド帝国の政務を司っていたインド政庁は、トルコが正式に参戦する以前から一部がイギリスの保護領であったペルシャ湾岸にインド軍を派兵し、参戦後すぐの一九一四年一一月にはバスラを占領する。原油地帯の確保という目的（イギリス海軍の主燃料はチャーチルの先見の明で石油に切り替わろうとしていた）もあるが、むしろトルコに反抗的なアラブの諸部族を味方につけたかったのである。

一九一五年、チャールズ・タウンゼント率いるインド師団はチグリス川をさかのぼって、八月にはバグダッドの途上のクート・エル・アマラにまで進み、植民地インドを統治するインド総督の意向を受けて、タウンゼントはバグダッド攻撃に踏み切る。一一月のバグダッドの南での戦いでは、トルコ軍の守りは事前の情報よりも固く突破を果たせず、タウンゼントはクートに退却を余儀なくされ、今度は逆にトルコ軍に包囲されてしまう。

数ヵ月のクート包囲戦の後、タウンゼントは一九一六年四月に降伏する。イギリス軍（インド兵）の一万三〇〇〇名が捕虜となり、終戦までにその三分の一が亡くなった。捕虜となった彼は後にもう一度、思いがけないかたちで表舞台に登場する。

ガリポリからクートと続いた敗北に、イギリス世論は大いに失望して憤慨する。イギリス陸軍省は、一九一六年にインド政庁からメソポタミア作戦の責任を引き継ぎ、兵力を一五万まで増強する。その三分の二はインド兵である。

一九一六年一二月に誕生し、すでに述べたように戦争に積極的だったロイド＝ジョージ政権は、中東にも執着する。これはイギリスの威信の確保と戦意高揚、さらには戦後にパレスチナとメソポタミアで影響力を保持するためでもあった。新しい司令官のスタンリー・モードの軍は兵力と物量に勝り、気候がいくぶん涼しくなる一二月を待って進撃を始め、一九一七年二月にクートを奪回し、三月にはバグダッドに入った。

一方、エジプトに目を転じると、前に述べたスエズ攻撃のトルコ軍を跳ね返したイギリス

図4－15「第八回十字軍」（イギリス）。イギリスはエルサレム入城で、キリスト教の聖地エルサレムをイスラム教徒から「奪回」するという中世の十字軍の夢を実現する。画の左は、十字軍の遠征に参加したイングランド王リチャード一世（別名獅子心王）。右はアレンビー。真ん中の十字架の地がエルサレム。十字軍の回数は今日の数え方と異なる。

遠征軍は、ダーダネルス遠征から撤退した兵力を吸収して三〇万に膨れ上がっていた。アーチボルト・マレーを司令官とする遠征軍は、ロイド＝ジョージ政権の承諾を得て、シナイ半島北部を進み、一九一七年三月と四月にトルコ軍が守るパレスチナのガザ地区を攻撃するが、機関銃と有刺鉄線に撥ね除けられてしまう。六月、ガザ攻略に失敗したマレーから、エドモンド・アレンビーが遠征軍の指揮官を引き継ぐ。

七月初め、トルコ軍が占領していたシナイ半島の南の港湾都市アカバを、アラブ部族の反乱軍が強襲して獲得する。反乱軍に助言を送り、戦闘にも加わり危うく戦死するところだったのが、マレーが派遣した「アラビアのロレンス」こと、T・E・ロレンス大尉である。アカバ攻略は映画『アラビアのロレンス』で、虚実を交え劇的に描かれている。

一方、アレンビーは政治的圧力に直面しても焦らず慎重に兵力の増強を図り、重砲を整備し航空機も得て、一〇月三一日、満を持して第三次となるガザ攻略を始める。ロイド＝ジョージはクリスマスまでにエルサレム（キリスト教・ユダヤ教・イスラーム教の聖地である）を陥落させることを望んでいた。アレンビーは前線近くに司令部を移し、兵士たちに自らの姿を見せて士気を高める。彼は癇癪《かんしゃく》持ちではあったが柔軟性を併せ持ち、部下の提言を受け入れて戦闘に生かせる人物であった。二対一以上とも言われる兵力差もあって、一二月九日、イギリス軍はエルサレムに入った。戦いは月末まで続いたが、ロイド＝ジョージが言うようにそれは「イギリス人へのクリスマスプレゼント」となったのである。

戦争の帰趨――ドイツやや優位？

一九一八年を前にして、連合国側も中央同盟国側も、どちらも決め手を欠いていた。連合国側では、フランスはニヴェル攻勢以降の立て直しの途上にあったし、ロシアは一一月革命で連合国から離脱してしまっていた。イタリアの軍事力は話にならず、英仏に支援を仰ぐお荷物的存在であった。アメリカは参戦したものの、本格的に陸軍が西部戦線へ投入されるまでに時間がかかるのは明らかだった。一九一七年の連合国を支えたのは、まぎれもなくイギリスである。イギリス陸軍は戦闘を続け、戦闘を経て力をつけたし、海では船団の護送によってUボート戦を乗り切った。

一方で中央同盟国側を見ても、決定的に有利だったわけではない。オーストリアは何とか持っていたが、その強さはドイツの支援を受けた時だけのものだった。トルコは一九一七年を通して、軍事的にも経済的にも衰えを見せていた。ドイツだけは相変わらず強かったが、決定打となるはずだった無制限潜水艦作戦は功を奏さず、西部戦線にアメリカ軍が現れるのは時間の問題となっていた。

このような状況にあった一九一七年、どちらにつくか決めかねていたギリシャと中国は、態度を決し、連合国側についている。ギリシャは、親ドイツ的であった国王の退位後、一九一七年六月の終わりに中央同盟国に対して宣戦を布告する。

また、中国はアメリカの要請で、一九一七年三月にドイツとの外交関係を断絶したが、国内の政治対立から参戦自体は八月にずれ込んだ。ただ、実は参戦以前から、労働力不足を補うために、フランス、イギリス、ロシアは中国人労働者を何万人も活用していた。そして中国はこの労働者派遣を続けることで派兵に替え、軍事行動には関与しなかった。

これらの国々の参戦がドイツにとって、すぐに大きな痛手になったとは思えない（もっともギリシャ参戦は後にサロニカ戦線で響いてくるが）。ロシア革命後、一二月九日にはルーマニア、ついで一五日にロシアが休戦に合意し、東部戦線の負担が大幅に軽減されていたからである。

その前の一一月一一日、モンスでのドイツ軍の司令官を集めた会議で、ルーデンドルフは、アメリカ軍が本格的に増強され投入される前に、「できるだけ早く攻撃をする必要がある」との見解を示した。彼はドイツの最精鋭部隊を西部戦線に集め、一九一八年の「春季大攻勢」を実施することの支持を得た。

一一月から翌年三月までに東部戦線から、四四個師団、五〇万近くのドイツ軍が西部戦線に移動する。しかもその中には、東部戦線で数々の戦功を挙げた綺羅星のごとき将軍たちの軍が含まれていた。春季大攻勢は一九一六年二月のヴェルダン戦以来、初めてドイツ軍が西部戦線で行う大攻勢で、東部戦線で名を挙げた英雄コンビには西部戦線で初めての大攻勢でもあった。

図4－16「新年おめでとう！」（ドイツ）。1917年の戦果が酒瓶になって並んでいる。左からルーマニア、ロシアとの停戦、イタリアの崩壊、カンブレーのワインなどである。ヒンデンブルク（左）はルーデンドルフに、このフランスの酒瓶を開けて、フランスの講和のパンチボウルをつくろうと言う。2人の前には、1918年と記された大きなボウルがある。

一方、これを迎え撃つ西部戦線の連合国側は、相変わらず足並みが揃わなかった。イタリア戦線の危機を受けて各国首脳が集まった一一月初めのラッパロ会議では、各国の戦争遂行を調整するための「最高戦争指導会議」の設立が決められた。一一月終わりから一二月初めにかけて、この会議の第一回の会合がヴェルサイユで開かれたが、西部戦線の「総司令官」を誰にするかでは一向に合意が得られない。

双方とも決め手には欠けるものの、一九一七年の終わりの時点では、状況はややドイツ側に優位に傾いていたと言えるかもしれない。

第5章
一九一八年　ドイツの賭けと時の運

図5－1

図5－2

図5－1「ジェリコのラッパ」（ドイツ）。一大決戦に臨むドイツの意気込みが伝わる。旧約聖書の『ヨシュア記』第6章で、祭司たちがラッパを吹き、民が大声を上げると、ジェリコの町の壁が崩れ、攻め込んで大勝利を収めた故事に則っている。ラッパの旗は、プロイセンやバイエルンといった王国の軍旗である。

図5－2「勝利！」（イギリス）。休戦となり、勝利を祝う『パンチ』誌の画。馬上の乙女は、勝利の女神ヴィクトリアにもニーケにも、イギリスの女神ブリタニアにもあまり似ていない。あえてそうしたのであろうか。右下は平和の天使だろう。各国の王室・帝室の紋章や国章が、絵の周りに飾られている。日本の皇室の十六八重表菊（じゅうろくやえおもてぎく）も左下に見える。

ウィルソンの一四ヵ条

一九一八年一月八日、急遽召集されたアメリカ上下両院の合同議会で、ウィルソン大統領は来たるべき講和の原則について演説し、議員たちの絶大な賞賛を受けた。そこで明らかにされたのが、「平和のための一四ヵ条」である。一見すると唐突であるが、ウィルソンは参戦前からさまざまな講和の理想を口にしており、一四ヵ条にはその頃からの持論も多い。しかし、これは中央同盟国のみならず、味方である連合国側の国々にとっても一方的で挑戦的なものであった。

一四ヵ条には、連合国にとっても耳の痛い条項が含まれていた。軍縮や戦後の大小すべての国の安全を保障する機関（国際連盟）の創設などはあまり問題とされなかったものの、公海航行の自由は、ドイツに対して問題の多い海上封鎖を実施するイギリスにとって、批判と受け止められるものであった。

また、秘密条約の否定やフランス、イタリアの領土に関する条項は、アルザス＝ロレーヌの奪還（これは認められていた）のみならず、ラインラントまでも手にしたいフランスや、一九一五年のロンドン秘密条約で領土拡張要求を認められていたイタリアにとっては、受け入れがたいものであった。もっとも、ロイド＝ジョージとクレマンソーは表立った反対は避け、微温的な賛意を表明した。どのみち拘束力のあるものではなかったからだ。

図5－3「梯子を下ろすこと」（アメリカ）。14ヵ条が14段の梯子になっている。ウィルソンが穴底のカイザーを助けようとこの梯子を下ろすが、カイザーは恐れをなしている。穴の上には「世界平和」が待っている。

ウィルソンに対する同時代人の評判はあまり芳しいものではない。アメリカ史上初めての大学教授・学長出身の大統領で、理想主義者ではあったが、それを実現する手立てには無頓着であったし、気難しい人物であったからだ。

ウィルソンに一四ヵ条演説を勧めたのは、その顧問のハウス大佐である。「大佐」という称号を使っているが、それはテキサス州知事に認められた名誉称号のようなもので軍人ではない。ハウスはビジネスマンの自由主義者で、愛想がよく気取らない性格で、インテリではなかったが抜け目ない人物でもあった。高官の地位を求めることもなく、ウィルソンにとっては良き助言者だった。

中央同盟国側では、ドイツが領土をめぐる譲歩を受け入れがたいとして、一四ヵ条を拒絶する。オーストリアでは、外相チェルニンは領土面での妥協は拒否したものの、講和の一般的な原則については受け入れを表明する。

カイザーはウィルソンが一四ヵ条を発表したまさにその日、正式にドイツの春季大攻勢の命令を下した。ドイツの大攻勢によって講和は棚上げとなる。しかし、この年の秋には、ウィルソンの一四ヵ条とその後の彼の宣言にそって、講和の歯車は回り始める。

ブレスト＝リトフスクの強いられた講和

ウィルソンの演説と同じ日の一九一八年一月八日、ボリシェヴィキ政権の革命ロシアと中央同盟国は、ブレスト＝リトフスクで前年一二月に始めた講和交渉を再開した。新たにロシアの交渉代表となったトロツキーは、さまざまな言辞を弄するが、突きつけられたのはドイツ側の「屈辱的な」領土要求だった。トロツキーは二月一〇日、「戦争もなし、講和もなし」と、戦争状態の一方的な終了を宣言して交渉を打ち切る。

それを待っていたかのごとく、八日後、ドイツ軍は停戦ラインを越えて進軍を開始する。ロシア軍は牙を抜かれたような状態で抵抗せず、ドイツ軍は列車で進めるだけ進んだ。

「それは私の知る中でもっとも滑稽な戦争だった」と、講和交渉のドイツ側の陰の主役で、ドイツ軍東部戦線全

図5−4「ブレスト＝リトフスクの重大問題」（ドイツ）。右側がホフマン将軍（第8軍作戦参謀から出世）。話している相手はオーストリアのチェルニン外相。

軍の参謀となっていたホフマン将軍（タンネンベルクでの勝利の真の立役者）は日記に書いている。南ではトルコが再度、ロシア領に侵入した。

レーニンは政権内の講和反対論を抑えて、三月三日、ドイツを始めとする同盟国側の国々と単独講和に踏み切り、ブレスト＝リトフスク講和条約を結んだ。しかし、それは講和条約といっても、ロシアがポーランドやバルト諸国をドイツに渡すなど屈辱的な内容であった。しかし、ボリシェヴィキには講和を先送りする余裕などなかったのだ。

図5－5「講和交渉におけるさまざまな説得、あるいはペンと剣」（ドイツ）。真ん中がトロツキー。外交交渉（上のコマ）では強気だが、ヒンデンブルク（右）とルーデンドルフに締め上げられると（下のコマ）お手上げである。

「ミヒャエル」のご加護は？——ルーデンドルフの賭け

西部戦線に目を移そう。一月、ドイツ軍は幾つか検討された作戦から、ドイツの守護大天使ミヒャエルの名を冠した「ミヒャエル」作戦の実施を決めた。敵の弱点と見られたイギリス軍の守るソンム戦区に大規模な攻撃を行い、英仏を分断し、イギリス軍を海まで追いつめる作戦である。この作戦について、バイエルン王国軍を率いる王太子ループレヒト元帥は懸念を示した。ルーデンドルフはそれに対して「ロシアで我々は常に直近の目標を立て、次いでどのように事態が展開するかを見てきた」と答えた。

それを受けてループレヒトは、戦術的成功はそれ自体を目的とすることはあり得ないし、作戦的な基礎が置かれるべきであると批判した。また、ロシア人と戦うこととイギリス人やフランス人を相手に戦うことは同列視できないとも主張した。もっともな意見であったものの、彼の懸念は聞き入れられなかった。

「ルーデンドルフは、絶対的な強固な意志の持ち主である。しかし、頭脳明晰な知性が兼ね備わらなければ、強固な意志だけでは十分ではない」というのは、ループレヒトの人物評である。ルーデンドルフのやり方には、行き当たりばったりなところがあった。ある意味で彼は、出たとこ勝負の賭けに打って出たとも言えよう。

ソンムを狙った「ミヒャエル」作戦は、少なくとも当初は成功だった。成功しすぎたくらいである。三月二一日、ピンポイントのホスゲンガス弾と催涙ガス弾を使い分けた四時間の集中的な砲撃で、イギリス軍の砲撃は無力化される。そこに強力な「強襲部隊」が、グループ毎に分かれて突撃した。浸透戦術である。天候もドイツ軍に味方する。濃霧が低く垂れこめて視界を遮り、イギリス軍の機関銃網はやすやすとドイツ軍の手に落ちる。

初日でイギリス軍の損耗は四万人近くとなり、そのうち二万人強は捕虜だった。イギリス

図5－6「ルーデンドルフのハンマー」（ドイツ）。春季大攻勢のドイツ側主役が揃っている。左からヒンデンブルク、ハンマーを下ろしているルーデンドルフ、ハンマーを振り上げているフーチェル（浸透戦術の生みの親）、その隣がループレヒト。右端はカポレットの戦いで戦功を挙げたベロー。ハンマーで打たれているのはフォッシュで、地面（フランス）に罅が入っている。

軍師団司令部はパニックに陥り、命令は混乱し、不要な退却をしてしまう。それは二日目、三日目のドイツ軍の進撃に拍車をかけた。

　ルーデンドルフの成功は、ヘイグのヘマのおかげでもある。ヘイグは相変わらず、ソンムより北のイープルでの攻勢を夢見ていたので、ソンムに兵力の多くを割こうとしなかった。また、ドイツ軍が攻勢に出るという情報は、英仏軍に次々と寄せられ、その中にはミヒャエル作戦を正確に示したものもあったが、ヘイグは（そしてペタンも）最終的にどこが攻撃されるか見極められなかった。

　ルーデンドルフはイギリス軍の戦線を突破し、戦術的な成功を収める。しかし、問題はそこからである。優位に立っていたのに、彼はそれを生かす好機をみすみす逃してしまう。ソンム川の南で突破を果たしたフーチェルのドイツ第一八軍は、さしたる抵抗も受けずに進撃できる地域を目の前にしながらも命令で留め置かれてしまった。これは、ルーデンドルフが（一時であれ）パリ包囲の「下心」を抱いたためとも言われる。その一方、彼はソンムの北、アラスをベローの第一七軍に攻撃させるが、アラスの防備は固く、ドイツ軍を寄せつけなかった。

調整役フォッシュの登場

ドイツ軍のミヒャエル作戦は、英仏軍に思わぬ副産物をもたらす。両軍の連携である。その役割を担ったのは、フェルディナン・フォッシュだった。フォッシュは自国のクレマンソーやペタンに嫌われていた。かつて交通事故で頭を打っていたため、クレマンソーは彼が細かいニュアンスを理解できないのではないかと懸念すらしていた。

しかし、イギリス側のロイド＝ジョージやヘイグは、イタリア戦線の問題で見せた調整能力を買ってフォッシュを評価していた。二月にロイド＝ジョージは、イギリス軍の参謀総長をすげ替えたが、ヘイグは派遣軍の司令長官に留まり続けた。他に代わりがいないということが、おそらくはヘイグ留任の最大の理由である。

ミヒャエル攻勢に直面し、三月二六日に急遽持たれた英仏の会議で、ヘイグはペタンを信頼できないと見て取り、フォッシュを両軍の調整役とすることを受け入れる。フォッシュは、アミアンの先にフランス軍を進める命令を下す。悲観的になっていたペタンは、逆に三〇キロメートルほど後方に防衛線を敷くことを提案するが、「我々はアミアンの前で戦わなければならない」とフォッシュは言い放つ。

一方、再び進撃したドイツ第一八軍は、二七日までに六〇キロメートルほども進出したが、英仏軍の頑強な抵抗に直面する。その後、ルーデンドルフは攻撃を直前に中止したり、攻撃目標を変更したりと迷走を繰り返す。

ミヒャエル作戦は公式には四月五日に終了する。連合国側の損耗は二五万四〇〇〇人。対してドイツ側は二四万人弱と言われる。ドイツ軍の攻撃は戦術的には成功し、前線を一気に前に進めている。しかし、戦略上、この戦果に多大な価値があったかといえば、疑問が残る。

ルーデンドルフは次の攻勢を準備する。しかし、この頃から、ルーデンドルフの采配と、彼の精神状態に疑問を呈する声が軍内部で聞こえ始めた。ループレヒト軍のある参謀は、三月三一日の段階でルーデンドルフは作戦ヴィジョンを持たないばかりか、「完全に気後れしていた」と述べている。

ループレヒトも四月五日、最高司令部は「その日暮らしをしている。確固とした目的も承認せずに」と断じた。ルーデンドルフはループレヒトと直接話をすることを嫌い、電話で一方的に命令を伝えるようになっていた。出たとこ勝負の賭けは、戦局を変えるほどの勝利に結びつかず、時運は少しずつ連合国側に傾きつつあった。

何とか持ちこたえた連合国側では、四月三日より、フォッシュの権限が「戦略方面」にまで拡大され、形式的にはアメリカ軍もその指揮下に入る。実質的権限は依然としてペタンとヘイグが握っていたものの、四月一四日、フォッシュは西部戦線の連合国軍総司令官に就任する。

リースの戦い――背水の陣

四月九日、ルーデンドルフは次の攻勢「ゲオルゲッテ」作戦に着手し、イギリス軍が主に守るフランダース地方で攻撃を始める。イギリス海峡まで突破を図るのが目的だった。この攻勢は、イギリスではイープルの南に流れるリース川にちなんで、リースの戦いと呼ばれる。

ここでドイツ軍にはまたしても幸運が訪れた。最初の相手となったのは、歴史家テイラーが「惨めな」と形容した疲れ切ったポルトガル軍師団のみだったのだ。ドイツ軍は一撃でこれを退ける。ただ攻撃を担当したドイツ第四・第五軍は、ミヒャエル作戦を担当した軍よりはるかに劣っていた。作戦に参加する二六個師団のうち、強襲部隊の訓練を受けたのは一二個師団と少なく、砲兵部隊もミヒャエル作戦のように十分な準備時間を与えられず、急場しのぎだった。だが、迎え撃つヘイグも五八個師団のうち四六個師団をソンムに急派しており、攻撃を知ってあわてて戻って来た師団も疲弊していた。

四月一一日、ヘイグは「我々には戦い抜くしか道は開かれていない。それぞれの陣地は最後の一人にいたっても死守されねばならない。退却は決してない」と背水の陣を訴える有名な命令を発する。銃後にいる人々には感動的であったようだが、現地の兵士の反応は冷めていたという。

命令後も、一二日から一四日にかけてイギリス軍は退却を続ける。しかし、この時にイープル突出部を放棄したため、結果的にイギリス軍はうまく態勢を整えられた。その後、ヘイグの命令が効いたとは思えないものの、イギリス軍は何とか踏み止まり、応援部隊も到着しだした。

四月二九日の時点で、ドイツ軍の「ゲオルゲッテ」攻勢の失敗は明らかだった。この攻勢でドイツ軍は八万六〇〇〇人の損耗を喫する。西部戦線のドイツ軍全体では、三月に二三万人弱、四月に二四万四〇〇〇人もの損耗があった。

中央同盟国のドイツ離れ

西部戦線で激戦が続いていた四月一日、オーストリアの外相チェルニンは演説の中で、アルザス＝ロレーヌの併合を企んでいるとクレマンソーを非難した。そして、不用意にもオーストリアとフランス間の前年の秘密交渉についてほのめかした。

黙っていなかったのはクレマンソーで、前年の「ラクセンブルク書簡」など秘密交渉の内容を公表してしまう。困った皇帝カール一世はそれを否定して何とか取り繕い、チェルニンを解任する。クレマンソーにとっては、大きな勝利となった。

五月二日、カール一世はドイツでカイザーらと会い、政治経済協力を強化する協約を締結する。単独講和も辞さない「平和主義者」のカールは、逆にドイツのくびきから抜け出せなくなってしまったのである。

さらに戦勝も火種になった。五月七日、中央同盟国側はルーマニアと講和条約（ブカレスト条約）を結んだ。この条約でオーストリア、ブルガリアは一定の分け前を得たが（それでもブルガリアは満足せず後に再度交渉する）、オスマン帝国は何ら得るものがなく、不満のみが高まった。

図5－7「規律」（イギリス）。黒板には「フランスがアルザス＝ロレーヌを所有すべし。カール」と書かれている。生徒カール一世は「書いたのは僕じゃない」と否定。教師カイザーは学校の名誉のためにそれを受け入れると言っている。

オスマン帝国ではすでに食料不足が深刻となっていた。都市部では猛烈なインフレで貨幣経済が危機に瀕していた。ヒンデンブルクはエンヴェル・パシャにロシア領内のトルコ第三軍を撤退させて、中東でイギリス軍に向かわせるよう要請するが、エンヴェルは拒否する。すでに中央同盟国のドイツ離れは始まっていたのである。

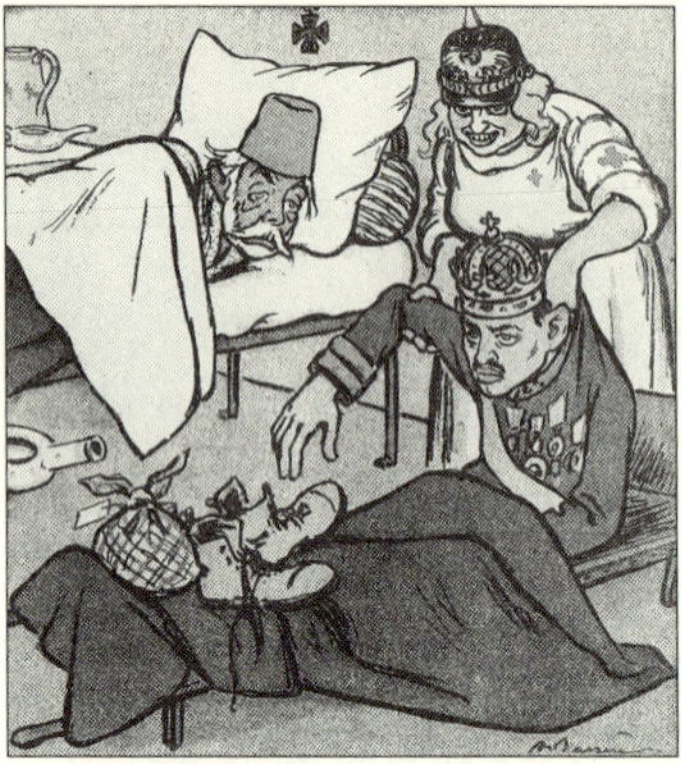

図5－8「新たな病人」（フランス）。カール（オーストリア）が病気の様子。ベッドのトルコは、ゲルマニア（ドイツを表す女神）に見てもらうと、自分みたいに治らなくなると忠告している。大戦以前からトルコは「ヨーロッパの病人」と呼ばれていた。

ドイツはオーストリアに対して、食料援助の見返りにイタリア攻撃を望んだ。六月半ば、オーストリア軍は二手に分かれて攻撃を開始した。片方の軍はそれなりに戦果を挙げはしたが、イタリア軍の反撃に押しとどめられる。もう一方の軍は、英仏軍を相手にしなければならず、ほうほうの体で追い返されてしまう。後者を指揮していたのが元参謀総長のコンラートである。

結果的にこれがオーストリア軍の最後の攻勢となり、コンラートは最後までろくな戦果を挙げられなかった。オーストリア軍では、六月から九月までに少なくとも四〇万人が脱走してしまう。

最後の「英雄」——撃墜王レッド・バロン、エムデン艦長、レットウ＝フォルベック

この激戦が続く西部戦線で、一九一八年四月二〇日、赤い戦闘機に乗ったマンフレッド・フォン・リヒトホーフェン男爵は、八〇機目の敵機を撃墜した。彼はドイツ軍の空の英雄で、

「レッド・バロン」と呼ばれ、両軍にもっとも知られたパイロットだった。レッド・バロンの活躍はドイツの新聞紙面を飾り、国民・兵士の士気を高めていた。

しかし、翌二一日、彼はソンムの上空で撃ち落とされてしまう（カナダ人パイロットによるとも、地上からの攻撃によるとも言われている）。リヒトホーフェンは何とか着陸はしたものの、近くのオーストラリア軍が駆けつけた時にはすでに息絶えていた。二五歳だった。彼は敵の手で手厚く葬られた。

戦争には英雄が必要であり、それゆえに英雄はつくられる。第一次世界大戦において英雄と呼ばれる存在は決して多くはないが、国民の心を躍らせるような冒険譚《たん》や英雄譚もいくつか語られている。開戦時にドイツ東洋戦隊から離れて単独行動をした軽巡洋艦エムデンと艦長ミュラーらも、そのような列に加えられるかもしれない。

単独行動を取り始めて、一九一四年九月から二ヵ月で、ベンガル湾やペナンでエムデンは二三隻もの敵商船を沈めるか拿捕し、ロシア海軍の巡洋艦とフランス海軍の駆逐艦も沈めている。それはまさに巡洋艦の戦いのお手本を示す活躍だった。また、艦長ミュラーは、拿捕した船舶の乗員に対して「騎士道に則った」扱いをし、ドイツのみならず、敵のイギリスの報道においても讃えられた。

一一月、インド洋のココス諸島にある無線基地を襲っている時、エムデンはオーストラリア海軍の軽巡洋艦の急襲を受けて沈められた。多くの人々が落胆した。エムデンに愛着を覚

㊧図5－9「飛行部隊長リヒトホーフェン男爵」（ドイツ）。
㊨図5－10「リヒトホーフェン」（ドイツ）。
左はリヒトホーフェンの肖像。右は彼を追悼して雑誌の表紙を飾った画。「彼は亡くなったが、その精神はこれからも生き続ける」とキャプションにある。

えていた精神分析の始祖フロイトもその一人だ。エムデンの命運はここに潰えるが、乗組員はそうはならない。島に上陸していたヘルムート・フォン・ミュッケを指揮官とする陸戦隊の一行は、帆船を捕獲して脱出。オランダ領だったスマトラ島に着き、ドイツの貨物船でイエメンまで航海する。それから紅海を渡り、砂漠を物ともせずに進み、敵のアラブ人の攻撃を退けながら、シリアのダマスカス、ついでトルコのコンスタンティノープルにたどり着くのである。

現地でドイツ人ジャーナリストに迎えられて、ミュッケは、風呂とライン産ワインのどちらがよいか聞かれたという。「ライン・ワイン」と彼は答えている。彼らはその後ドイツへの帰還を果たす。

一方、ミュラー艦長は捕虜となり、マルタ島を経てイギリス本土の収容所に送られた。ミュラーはミュラーで、この将校用の捕虜収容所で脱走を企て、二一人の脱走を指揮する。彼は逃げおおせられなかったが、その後、人道的な配慮からオランダに移送され、休戦の一ヵ月前にドイツに送還された。

図5－11「フォン・レットウ＝フォルベック」（ドイツ）。アフリカの猛獣たちもつき従っているように見える。

もう一つ冒険譚を挙げるとすれば、東アフリカ軍を指揮したパウル・フォン・レットウ＝フォルベックの活躍であろう。アフリカの他のドイツ植民地軍が次々と降伏するなか、レットウ＝フォルベックは圧倒的に優勢なイギリス、ベルギー軍や、後にポルトガルの植民地軍と戦い続けた。彼はプロシアの参謀出身だったが固定観念を捨てて、決戦を挑む誘惑を抑えゲリラ戦を実行する。アフリカ人のポーターを引き連れて、レットウ＝フォルベックの軍は移動しながら戦い、一九一七年一〇月のマヒワの戦いでは、敵に実に五倍以上の損害を与える。

しかし、当初は一万を超えていた兵力も、次第に先細り、弾薬や武器も失われて行く。それでもポルトガル領に移って彼は戦い続け、その戦況は本国に伝えられ賞賛された。彼が降伏したのは、休戦を知ってからである。

連合国側にも、アラビアのロレンスなど、戦後よく知られるようになった冒険譚はある。しかし、世界各地に広がった戦争において、ヨーロッパ以外では圧倒的に不利であったドイツ軍にこの種の話が多いのは偶然ではないだろう。

ルーデンドルフの第三次大攻勢

西部戦線に話を戻す。ルーデンドルフは五月二七日から、第三次の大攻勢「ブリュッヒャー・ヨルク」に打って出た。エーヌ川周辺で戦われたので、エーヌの戦いとも言う。ペタンは以前からその地への攻勢を予期してはいたものの、攻勢の規模を予測し損ねた。

また、配下の将軍たちは縦深防御戦術を取りたがらず、歩兵や砲兵を前方に配置していた。そこをドイツ軍の猛砲撃が襲う。かくしてドイツ軍は進撃してソワッソンを落とし、フランス軍をマルヌ川へと後退させ、パリまで九〇キロメートルに迫る。しかし、例によってここでもドイツ軍は押しとどめられる。

攻勢の連続でドイツ軍の前線は、三月二〇日の三九〇キロメートルから六月二五日には五〇〇キロメートルを超えるまでに広がる。支配地域はかつてないほど膨れ上がったが、そのために最良の強襲部隊の兵員の多くが失われてしまった。おまけに戦術的に勝利して支配地域をいくら拡大しても、戦争の帰趨を変える戦略的目標は一向に達成できないでいた。

アメリカ軍、デビュー戦を飾る

五月二八日、アミアンの南の村カンティニでアメリカ軍師団は最初の攻勢に出た。これがアメリカ軍の師団単位でのデビュー戦である。六月四日にはアメリカ海兵隊が、すでに攻撃を停止していたドイツ軍に反撃を加えた。また、六月九日から一四日のドイツ軍の「グナイゼナウ」攻勢では、アメリカ軍はフランス軍を助け、ドイツ軍の前進を途中で食い止めている。

図5－12「彼の最初の町」(アメリカ)。カンティニでドイツ兵のヘルメットを掲げ、勝利を示すアメリカ兵。勝利の喜びが伝わる。

自軍の「初陣」をことのほか重視していたと言われるアメリカ遠征軍の司令長官ジョン・パーシングも、ほっと胸をなで下ろしたことであろう。

パーシングはアメリカ参戦の翌月、一九一七年五月に遠征軍司令長官に任命され、六月半ばにフランスに渡っていた。しかし、司令長官はいても肝心の遠征軍はほとんど準備ができていなかった。アメリカ軍はメキシコの山賊の鎮圧にも手こずるレベルであったし、その頃、陸軍は一五万弱の兵力しか持っていなかった。それもあって、ウィルソン大統領は参戦後、五月に徴兵制度を導入する。

パーシングは、若い頃に黒人の連隊を指揮したことから、「ブラック・ジャック」というあだ名を持つようになった。彼は非常に教条主義的かつ厳格な人物で、禁酒主義者でもあった。不幸なことに妻と三人の娘を一九一五年の火災で亡くしており、フランスでは愛人と過ごしている。

アメリカ兵は一九一七年末にはまだ一七万五〇〇〇人しか到着していなかったが、一八年になると次々とフランスに到着した。彼らは装備が不足していたので英仏軍の銃火器を与えられたが、なかなか実戦には投入されなかった。

パーシングは黒人兵四個連隊をフランス軍師団に編入しただけで（黒人兵はフランス軍と最後まで行動をともにする）、残りの兵の投入を頑強に拒絶した。彼は英仏の将軍と同様に、他国の指揮下に入らずに独立した「軍」単位で戦うことに固執したのである。ただ、それをするにはアメリカ軍には経験のある司令官も参謀も足りなかった。

パーシングはもともと、独善的で横柄だったので、アメリカ軍の独立と「軍」の設立をめぐり連合国の政治・軍事指導者と険悪な関係になる。五月一日、クレマンソー、ロイド＝ジョージ、フォッシュが、ドイツ軍が大攻勢に出て英仏軍が危機に瀕していると訴え、アメリカ軍の前線投入を求めても耳を貸さない。

二日、ロイド＝ジョージは、英仏軍は最後の一人まで戦って、負けても名誉の敗北となるだろうが、アメリカ軍は「小さなベルギーよりも前線に兵を投入することもなく」終わるだろうとまで言った。ここまで言われて、ようやくパーシングは妥協案を出し、一部のアメリカ軍の前線への投入をしぶしぶ承諾したのである。

六月末にはアメリカ軍のできたての六個師団一七万人近くがフランスに到着し（アメリカ軍一個師団には、二万八〇〇〇人という通常の一・五倍の兵力があった）、ヨーロッパのアメリカ軍は一〇〇万人を超える。戦闘経験はないが、その分、無傷で意欲もあった。

図5－13「140年後」（フランス）。渡仏直後のパーシング将軍。題はラ＝ファイエットが140年前（1777年）にアメリカ独立戦争に参加したことにちなんでいる。女性は、彼を歓迎しているフランスを象徴するマリアンネ。

軍人以外にもアメリカ人はヨーロッパに渡っていた。たとえば、七月にイタリア戦線でアメリカ赤十字の救急車の一八歳の運転手が、オーストリア軍の迫撃砲弾を受けて負傷してイタリアの病院に入院した。彼は後に作家としてその名を轟かせるアーネスト・ヘミングウェイで、イタリア軍兵士にチョコレートを配っている最中の怪我だった。彼はイタリアの勲章を受ける。

同じ七月の中旬、アメリカの参戦を訴え、参戦後には義勇軍の組織を計画したセオドア・ローズヴェルト元大統領は、悲しい知らせを受けとった。アメリカ軍パイロットだった末息子クウェンティンが、西部戦線で撃墜されて亡くなったのである。近眼のため、誤ってドイツ軍の飛行隊について行ってしまったためと言われる。末息子の死は晩年の彼にとって、ことのほかこたえたと言う。それでも強気のローズヴェルトは、息子の死についてこう書き残している。「死ぬことを恐れない者のみが生きるにふさわしい。そして、人生の喜びと人生の義務に尻込みしてきた者は、誰も死ぬのにふさわしくはない」。

この時期、アメリカ軍の大移動により、アメリカ大陸から戦争の帰趨に影響する大変なものがヨーロッパに持ち込まれた。インフルエンザである。中立国で報道に規制がなかったためスペインで始まったかのように誤解され「スペイン風邪」と呼ばれるこのインフルエンザは、こんにちの研究ではアメリカ発と考えられている。インフルエンザは、戦闘で疲れ切った兵士はもとより一般市民にも広がった。また、ヨーロッパを越えて世界中で戦後も猛威を振るった。

ともあれ、連合国は兵員の損耗をアメリカから補うことができた。対するドイツ軍は三月からの春季大攻勢を経て、六月末の時点でおよそ九〇万人の損耗を数えていた。援軍はなく、兵士を自国で賄わなければならない制約が重くのしかかる。

ニコライの処刑——悲劇のツァー一家

退位したニコライはどうしていたであろうか。ヨーロッパでは、ニコライ一家が日本に逃れたという噂まで流れたが、実際はロシアの西シベリア、トボリスクで穏やかに見える日々を送っていた。しかし、ボリシェヴィキ政権の中央は、ついにニコライを首都モスクワ（一九一八年三月に遷都）で裁判にかけると決めた。そのためニコライ夫妻らは列車でモスクワに向かうが、列車はウラル地方ソヴィエトによってエカチェリンブルクで停められ、一九一八年四月の終わりからその地で監禁されてしまう。他の家族も後に合流する。ウラル地方ソヴィエトの過激分子は元皇帝一家の処刑を画策していたという。

図5−14「最後のロマノフ」（ドイツ）。副題に「この人もまたイギリスのせいで死んだ」とある。中央のニコライの棺を囲む死神もイギリス人の格好をしている。ニコライの死の原因を押しつけている。ドイツには、イギリスの陰謀でツァーが退位させられたという説があり、カイザーもそう信じていたという。

七月、ロシアは内戦状態にあり、エカチェリンブルクには反革命の白軍が迫っていた。元皇帝一家が白軍の手に落ちれば、政治利用されるのは目に見えている。それに、もちろん積年の圧政への恨みもあっただろう。ボリシェヴィキ幹部とチェーカー（ボリシェヴィキの秘密警察）

は一家の処刑を決定する（レーニンが関与したかについては諸説ある）。白軍が迫る中、七月一七日、午前二時過ぎ、監禁先の地下室に移され、ニコライ、妻のアリックスと五人の子ども、主治医、料理人、従僕、家政婦の計一一人が処刑された。

銃殺だったが、銃弾がコルセットに隠した宝石に当たって跳ね返ってしまったため、娘たち（皇女）のうち三人は念入りにとどめの銃撃を受けたという。一家のペットの犬まで殺された。子どもたちまで処刑したのは、将来の帝制復活の芽を摘むためであったが、ボリシェヴィキの残虐さを印象づける結果となった。三日後、白軍はエカチェリンブルクを落とす。白軍の担当者は調査で処刑の物的証拠を発見したものの、ニコライ一家の遺体を見つけることはできなかった。遺体はその後、一九七〇年代の終わりに二人の子どものもの以外は発見され、残る二人の遺体も二〇〇七年に発見された。

ニコライの処刑に、イギリスのジョージ五世は大変な衝撃を受けたと言われる。処刑された皇女のうち一番下であった第四皇女アナスタシアに関しては、生存の噂が広まり、それは「アナスタシア伝説」として生き続けた。なお、アニメ映画『アナスタシア』（一九九七年）は、そのような生存説を下敷きにしたものである。

連合国軍の反攻開始

七月一五日、突破の夢を諦めきれないルーデンドルフは、予備軍を投入してマルヌで攻勢を行う。「マルヌ・ランス」攻勢である。ドイツ軍は、フランス北東部ランスの両脇を攻撃したが、それを予想して連合国軍は防御を固めていた。ドイツ軍は思うように進めず、連合国軍の逆襲を受ける。潮目は明らかにここから変わる。

一八日、フランス軍は、二二五両のルノーの軽戦車を投入して、マルヌで反撃を開始した。ルーデンドルフはその知らせを、ヒンデンブルクと次の攻勢の計画を練っている時に聞く。ヒンデンブルクは残っているすべての予備軍をソワッソンの北に投入して対抗したらどうかと提案するが、ルーデンドルフは怒ってその案を一蹴してしまう。晩餐《ばんさん》の後に同じ話をもちかけられて、彼は上司の参謀総長に怒りの感情をむき出しにした。ルーデンドルフは明らかに精神状態が不安定になっていた。春季大攻勢での不可解な命令の幾つかも、彼自身の精神が重圧に耐えきれなかったためではないかと言われる。

七月二〇日、「我々は戦争の転換点に立っている」とループレヒト王太子は述べる。彼は、守勢を取る必要性があることを強調したが、ルーデンドルフは現実から目を背け、退却や交渉を勧める年長の司令官たちの助言も容れず、軍の士気の低下を示す証拠も無視する。しかし、二二日、彼は春季大攻勢が失敗に終わった点については、カイザーの前では認めていた。

もっとも連合国の側は、ドイツ軍のそのような状況を知らず、クリスマスまでに勝利が訪れるとは思ってもいない。イギリスの戦時内閣は、早くも一九一九年の準備を始めていた。フォッシュは七月二四日に各国司令官を集めた会議で、士気、物資、兵員のいずれでも西部戦線で優位に立っているとの認識を示すが、それでも一大決戦を挑むことは否定する。

フォッシュ自身は他の多くのフランスの将軍たちと同様に攻勢主義者であったが、連合国軍総司令官という立場からより現実主義的になっていた。彼が考えた作戦は、攻撃はしても深入りはせずに火砲の援護の範囲にとどめ、進撃の軸をすばやく転換して敵をあちらへこちらへと振り回すというものである。ドイツ軍の大攻勢で打撃を受けていたので、ヘイグとペタンに異論はなかったし、パーシングは戦闘経験が浅いアメリカ軍にはこのようなやり方が適していると感じていた。

フォッシュにはもともと強い権限はなかったが、彼はゆるやかに連合国軍を束ねたので、各国軍は自由度を維持し、時間と場所の調整を受け入れながら、それぞれの主攻撃を敢行することになった。アメリカ軍もそれまでは師団ごとに各国軍に割り振られていたが、八月にはようやく各師団が集められて、パーシング待望のアメリカ第一軍が誕生する。

ヘイグは、一部フランス軍の力も借りて、アミアンの先（前面）での限定的な攻勢を計画した。春に失ったその地では敵の防御は深くないし、連合国軍は制空権を確保していたので、ドイツ軍の砲台の位置を事前に把握していた。歩兵の装備も以前より充実している。さらに四〇〇両の戦車が攻撃に加わることになった。八月八日、イギリス軍はアミアン前面で攻勢を開始した。

精神的に参っていたルーデンドルフは八月の初めには持ち直したようであったが、八日にアミアンでイギリス軍が攻勢を始めると、再びパニックに陥ってしまう。後にルーデンドルフ自身はこの日を、ドイツ陸軍の「暗黒の日」と呼んでいる。なぜなら、二万七〇〇〇人を数えた損耗人員のうち実に一万二〇〇〇人が敵側に投降したからである。

確かにこれまでにないような投降の多さであったが、それでもドイツ軍は九個師団を投入して戦線を維持した。むしろ暗黒であったのは、ルーデンドルフの精神状態の方だったかもしれない。彼はひっきりなしに細かなことに口を出したり、命令と矛盾することを準備したりと混乱の極みにあったのである。ヘイグはフォッシュの方針通りに深追いを避けて、一一日に攻撃を終了した。

ストローンは、アミアンの戦いの重要性は「ルーデンドルフへのショック効果にあった」と皮肉も込めて書いている。実際にこれで何週間もの間、他の人々が言い続けてきた現実に、遅まきながらルーデンドルフは目覚めたかに見えた。しかし、八月一三日と一四日に、ドイツの政治・軍事指導者がベルギーのスパにある最高司令部でカイザーを前に会議した時、ルーデンドルフは銃後に渦巻く厭戦《えんせん》気分を批判し、軍事状況を現実的に評価できなかった。彼の精神は根拠のない楽観論と責任転嫁の間で、この後も揺れ動き続ける。

その間も連合国軍はフォッシュが考えたように、西部戦線で限定的な攻撃を連続して行い、ドイツ軍を休ませないようにした。フランス軍は八月一〇日、一七日、イギリス軍は二一日、二六日、アメリカ軍は九月一二日に攻撃を実施した。なかでもアメリカ軍のサン・ミエル突

図5－15「総司令官フォッシュ、フランス軍元帥」（フランス）。一つの頭脳の下で両手がそれぞれの動きを知って動くこと、つまり各軍の連携を勝利の条件と見ている。

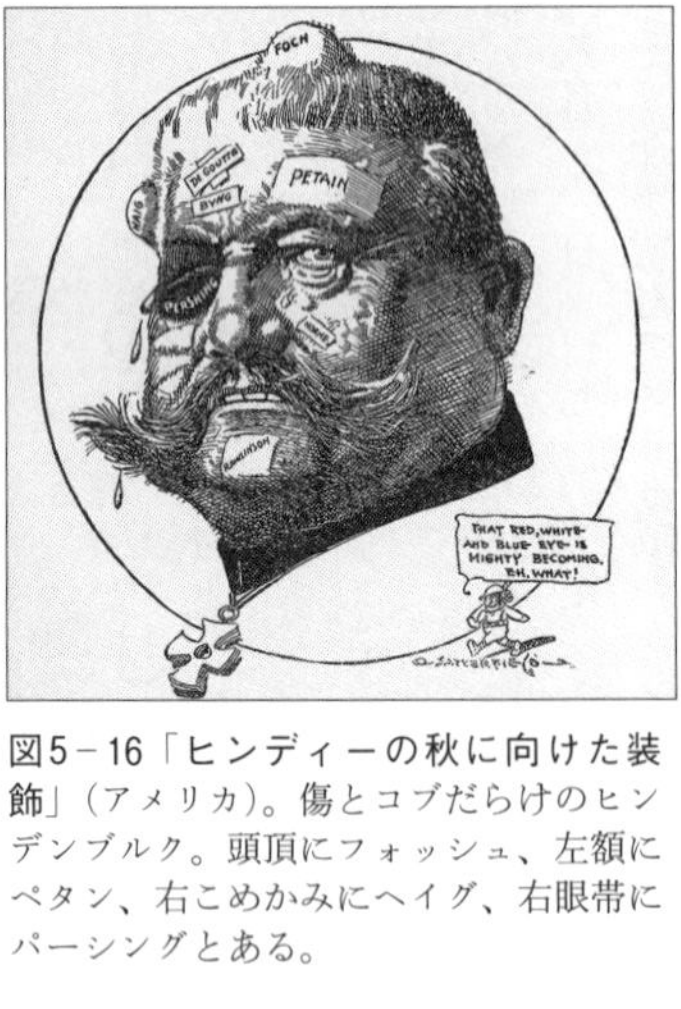

図5－16「ヒンディーの秋に向けた装飾」（アメリカ）。傷とコブだらけのヒンデンブルク。頭頂にフォッシュ、左額にペタン、右こめかみにヘイグ、右眼帯にパーシングとある。

出部（ナンシーとヴェルダンの間）への攻撃は、フランス軍の力も借りたが、アメリカ軍最初の独立した作戦となった。

これらの攻撃はいずれも成功であったが、取り戻したのはドイツ軍の春季大攻勢で失った地域であり、ドイツ軍にとっては脆弱で、放棄する予定であった戦区も含まれていた。一方で、ドイツ軍のヒンデンブルク線は、この時点ではほぼ破られていない。ただ、いたずらに兵員は損耗しており、最精鋭の兵士の多くが失われ、士気は確実に低下していた。

新兵器の効果は？

西部戦線の最終局面で連合国軍が戦車を効果的に使ったため、それが戦局を大きく変えて勝利を導いたかのような見方もある。だが、これは過大評価であろう。確かに鉄条網を乗り越える戦車は役には立ったが、その役割は補助的であり、歩兵や砲撃と連動して初めて効果を上げるものであった。また、開発途上にあった戦車は故障が多く、何よりも走行距離が短かった。その点からも、第一次世界大戦では決定的な兵器とはなりえなかった。同様のことは航空機にも言えそうである。その発展と役割の変容には目覚ましいものがあったが、やはり決定的な兵器とは考えにくい。

それでは何が重要であったかと言えば、火砲による砲撃であったろう。死傷者を見ても、塹壕戦が主になったため、砲撃による死傷者が圧倒的に多いのである。火薬の爆発力も増し、不発弾の率も低下し、航空偵察により目標も捕捉しやすくなり、通信手段の発達により歩兵との連動も容易になった。

さらに見逃せないのは、急速に増えたガス弾の使用である。あまり知られていないことかもしれないが、一九一八年のイギリス軍の砲撃の半分はガス弾であったとされる。ガス弾は、火薬の砲弾ほど致死的ではなかったが、敵砲台を無力化するのには有効であった。

西部戦線での毒ガスによる死傷者数は、一九一五年から一七年までは合計で一三万人弱であったが、一九一八年には三七万人近くまで跳ね上がっている。一九一八年の西部戦線の特徴は、ある意味では毒ガス戦だと言えるだろう。

ブルガリアの休戦

西部戦線で激戦が繰り広げられていた時、ブルガリアではドイツ離れが起きていた。なぜなら、ルーマニア攻略の分け前として得られるはずだったルーマニア領の一部が得られず、おまけにブルガリアの領土要求に対してルーデンドルフが露骨な敵意を示したからである。

ブルガリア軍にも異変が起こっていた。南のサロニカ戦線が比較的平穏であったため、ここを守るブルガリア軍一四個師団の戦意は低下し、小作農出身の兵士たちには脱走者が増えていた。また、強力なドイツ軍が西部戦線に移動してしまったため、一九一八年の秋には三個大隊（一大隊で通常一〇〇〇名程度）を残すのみで、他にはあまり頼りにならないオーストリア軍が二個師団いるだけであった。

一方、連合国軍側では、クレマンソーがマルヌの戦いの英雄の一人であるルイ・フランシェ＝デペレに現地の司令官を入れ替え、攻勢の準備をした。セルビア軍は自国の領土を取り戻す意欲に満ちていたし、七月にはこれにギリシャ軍九個師団二五万人が加わっていた。

九月一五日、連合国軍はサロニカ戦線から攻勢を開始する。双方は総数では拮抗していたが、連合国軍は局面局面で数的優位を確保し、セルビア軍はブルガリア軍の分断に成功する。ブルガリア軍は崩壊し始めると早かった。事態の急変に驚いたルーデンドルフは、慌てて東部戦線から四個師団を送ったが間に合わない。連合国軍は主に占領下のセルビアを進んだのだが、国内状況が思わしくないブルガリア政府に抗戦の意思はなく、早々と休戦を申し入れ、九月二九日に休戦協定の調印がなされた。

九・二六「大攻勢」——破れるヒンデンブルク線

西部戦線では九月二六日から、フォッシュが一二六個師団を用いてドイツ軍に全面的な攻撃を開始する。規模からすれば「大攻勢」であるが、一地点に絞り込んで一気に決戦を挑んだのではない。各国軍がそれぞれの戦区を受け持ち、連日の攻撃を行ったのである。

まず、二六日、アメリカ第一軍とフランス軍はセダン方面をめざし、アルゴンヌの森に入った。次いで二七日には、イギリス第一・第三軍がカンブレーをめざして攻撃を始めた。二八日にはベルギー軍とイギリス軍がフランダースで、二九日には米仏軍の支援を受けたイギリス第四軍が、ビュジニー（サン・カンタンの北東）へ向けて進撃を始める。

とりわけ印象的なのは、ヒンデンブルク線のサン・カンタン運河の戦いである。この地の防御は強固であり、奇襲のチャンスもない。そこでイギリス第四軍は準備砲撃で可能な限り敵陣地を叩く戦法を取り、五六時間に及ぶ猛烈な砲撃を実施する。終わりの二四時間だけでも九五万発近くの砲弾を撃ち込んだうえで、九月二九日早朝の濃霧のなか、イギリス軍第四六師団はサン・カンタンを確保する。さしものヒンデンブルク線にも、綻びが生じたのである。一〇月五日までにドイツ軍防御陣地を越えたイギリス軍の前には、守りの堅くない地区が広がっていた。

連鎖反応――トルコの休戦

トルコは戦時に二八五万人を徴兵したが、この秋に残っていたのは五六万人あまりしかいなかった。兵士も疲弊し、国内は食料不足に悩まされてはいたが、それでもしばらくは持ちこたえられそうな状況にあった。しかし、九月の終わりのブルガリアの休戦によって、状況は一変する。これによりトルコは頼みの綱であるドイツから分断されてしまい、連合国にはコンスタンティノープルへの道が開けていた。

一〇月一六日、トルコ政府は即時の単独での和平を決め、先に触れたクートの戦いで捕虜となったものの、兵とは違い厚遇を受けていたイギリスのタウンゼント将軍を休戦交渉の仲介役として選び、沖合のイギリス軍艦と接触を図る。トルコ政府は一八日に休戦を申し入れ、三〇日に休戦協定を締結した。

図5－17「ヒンデンブルクの前線(額)」（フランス）。10月2日のフランスの新聞はサン・カンタンの攻略を報じた。その3日後の5日の新聞。ヒンデンブルクの髪を整えている理髪師が、頭が深刻な状態であることを指摘する。額と前線の意味を持つ Front が掛詞となっている。

トルコはウィルソンの一四ヵ条を基本に休戦したが、交渉を急ぎすぎたために必要以上の妥協をしてしまう。イギリスの「善意」をあてにしたが、休戦を急ぐ理由のないイギリスは交渉において優位に立てた。トルコの大幅な譲歩は、後の帝国の解体にもつながる。この大戦によってトルコでは、軍人のみならず市民などを含め、およそ一五〇万から二五〇万の人々が亡くなったと言われる。

図5－18「和平」（フランス）。「ベルリン（ドイツ。左端）は申し出をし……、ウィーン（オーストリア。ドイツの隣）は提案をし……、ソフィア（ブルガリア。右端）は求める」とキャプションにあるように、10月上旬までに三国は何らかの和平の動きを始めていた。手にオリーブの枝を持っているのはそのため。トルコ（右から2人目）も動き始めそうである。

かくして、ブルガリアの休戦は、連鎖反応としてトルコの休戦も生んだのだ。

アメリカとの休戦交渉

話を少し戻し、ドイツを見てみよう。九月二八日の夜、西部戦線の戦況に加えて、ブルガリアが休戦を求めているという知らせを受けて、ルーデンドルフはいよいよ精神的にまいってしまう。彼は床に倒れて、口から泡を吹くような状態であった。

ただ、九月の終わりになっても、カイザーは敗北するとは信じられないでいた。側近たちが、ドイツの攻勢が決定的な失敗に終わったことを耳に入れていなかったためである。九月二九日、ヒンデンブルクや外相を伴い、ルーデンドルフはカイザーにスパで拝謁し、休戦が必要であることを伝える。カイザーは衝撃を受けた。何よりも、参謀本部のコンビが、いつかではなく、即時の休戦を求めたからである。ただ、彼らの意図は、戦争を継続するための「時間稼ぎ」にあった。

図5−19「この署名はダメです。あちらのご婦人に署名してもらいなさい」（アメリカ）。ウィルソン大統領が、カイザーの署名入りの和平の小切手をマックス大公につき返している。婦人はドイツである。カイザーでなくてドイツ人の代表と交渉するという意味であろう。

ウィルソンの一四ヵ条を基礎としてアメリカと休戦交渉を進めるために、より「自由主義的」な政府が必要となることでも、一同は一致する。ここに来て、一四ヵ条が急にクローズアップされた。もっとも参謀本部のコンビは、一四ヵ条を読んですらいないようであった。

一〇月三日に宰相となったバーデン大公国大公世子マックスは、気乗りはしなかったものの翌四日にウィルソンに休戦交渉を打診し、両国の外交交渉が始まった。覚え書きのやりとりで、ドイツは無条件に一四ヵ条を受け入れるのか、すべての占領地域から撤退する用意があるのかなどが問われた。
一二日、マックスは公式回答ではないものの、ウィルソンの気に入るような返事を送る。ただ、タイミングが悪いことにUボートが貨物船を撃沈し、アメリカ人も犠牲になる。一四日、ウィルソンはUボート戦の即時停止と占領地からの即時撤退と、さらに「体制転換」の保証を求めた。マックスはUボートによる民間船舶に対する攻撃停止を保証するとともに、ドイツはすでに「議会制の政府」を持っていると応じる。二三日、ウィルソンは第三の覚え書きを発して、休戦後に戦闘を再開しないことに触れ、「ドイツ国民の真の代表者」とのみ交渉をすると述べる。

図5－20「和平だ――同志よ！」(アメリカ)。和平を口にして両手を上げているが、上げた右手は見せかけで、下で銃を握っている。ドイツ参謀本部の休戦交渉の意図が、当初、時間稼ぎにあったことを考えると、的を射ていたとも言える作品。

ところが、ウィルソンの提示する休戦条件が思ったより厳しいと知ると、ヒンデンブルクは休戦交渉を文民の政府に任せるとした前言を撤回する。そして、ウィルソンの休戦条件は受け入れがたいとした覚え書きを配下の将軍たちに送る。実際にその条件では、「時間稼ぎ」もできない。ヒンデンブルクの行動を挑戦と受け止めたマックスは辞職もちらつかせて、カイザーに軍民の「二重政府」状態の解消を迫る。一方、ルーデンドルフは神経衰弱から回復し、ヒンデンブルクとともに戦闘を従前のように続行することを考えた。

その間も連合国軍は西部戦線で攻撃を続けていた。一〇月九日、カナダ軍はヒンデンブルク線を破り、カンブレーを攻略する。カナダ軍の栄光に新たな一ページを加える戦いである。一二日、ヒンデンブルクは休戦交渉を有利に導くために、兵士たちに強い抵抗を促した。ただ、連合国軍も手をゆるめず、一四日から、ベルギーで攻勢を始める。

危急存亡の秋――ルーデンドルフ解任

連合国の攻勢と休戦交渉が同時に進むなか、一〇月二五日にルーデンドルフはヒンデンブルクとともに、ベルリンを訪れカイザーにその日と翌二六日に拝謁した。彼はウィルソンの条件の拒絶を求めるつもりだった。しかし、カイザーは宰相マックスの意向を受けてルーデンドルフの解任を決めていた。二六日、カイザーは一ヵ月前に休戦を求めてきたのに今度は交渉決裂を求めるのかと、ルーデンドルフを叱責する。また、彼の無礼な物言いもたしなめた。

ルーデンドルフは辞任を申し出て、ヒンデンブルクも本気ではなかったにしろ辞意を示す。怒りが冷めないカイザーはルーデンドルフの辞任のみを認め、ヒンデンブルクには素っ気なく「貴殿は残れ」と申し渡した。

二年以上、カイザーを苦しめてきた参謀本部のコンビの片割れは、こうして表舞台を去った。これまで大変な忍耐を続けてきたカイザーにとって、この人事は多少の気晴らしにはなったであろう。

ルーデンドルフは自分だけが解任され、ヒンデンブルクが残ったことに腹を立てた。部屋を飛び出して、帰りの車にヒンデンブルクと同乗することも断る。その後、ルーデンドルフの後任は、これ以上の戦争継続は不可能と結論づけた。

ルーデンドルフを解任したカイザー自身には、別の決断の時も迫っていた。一〇月一四日にアメリカ政府からドイツ政府に宛てた文書では、ウィルソン大統領はドイツ国民の選択による政体変更について言及している。ドイツでは多くの人々が、アメリカがカイザーの退位を望んでいると受け止めた。

ところが、この時点でウィルソンは、大権を削げるのならば、ヴィルヘルムの在位を大目に見てもよいと考えていた節がある。もちろん、カイザーはそのようなことを知らない。彼は、一〇月二九日になぜかベルリンを去って、スパの最高司令部に移ってしまう。

連合国間の思惑

アメリカはロンドン宣言（一九一四年九月に英仏露が単独講和をしない旨を約束した宣言。日本も翌一五年一〇月に加盟）に加盟していなかったので、フリーハンドを握っており、連合国のなかにあって単独講和も可能であった。先に述べた一〇月四日にマックスの覚え書きを受けた後も、ウィルソンは他の同盟国に相談もせず、九日に返事をしている。

実は一〇月六日から九日にかけて、パリでヨーロッパの連合国の首脳たちは、アメリカ抜きでブルガリア休戦後の対応などを話し合っていた。そこに米独の接触の情報が入る。急遽、二種類の休戦条件案が練られたが、結論にはいたらない。しかし、ウィルソンに、自分たちに相談なしで休戦交渉を進めないよう釘を刺す。

英仏首脳はアメリカの単独行動に怒ってはいたが、条件さえ整えば休戦に応じてもいいと考えていた。条件とは有り体に言えば、自国の欲するものを手に入れることだが、その中身については両国の思惑がかなり異なる。フランスは領土要求に直接結びつく、ドイツの撤退にこだわっていた。一〇月の終わりにドイツはどのような条件でも受け入れそうだという情報が入ると、フランスの軍事上の休戦条件はより過大で、従ってドイツには過酷なものとなる。

イギリスはもっと用心深かった。ロイド＝ジョージはこの時点で休戦しても、ドイツ国民は負けたと実感することはなく、二〇年もすれば同じことを始めるのではと考えた。ある意味でその通りになったのであるから、いま振り返っても卓見である。イギリスの指導者たちは、過酷な条件をドイツに課すことを望んでいなかった。イギリスは軍事的に限界近くまで来ていたし、長引けば長引くほど講和は「アメリカの講和」となる恐れがあった。

ただ、停戦に当たってイギリスが頭を抱えたのは、イギリスの行動を制約し兼ねない「公海航行の自由」といった条項を含むウィルソンの一四ヵ条であった。しかし、イギリスの内閣は、イギリス独自に「解釈」すれば一四ヵ条の問題は乗り越えられると考えた。ロイド＝ジョージはほぼフリーハンドでフランスに渡り、一〇月二九日からの休戦をめぐる会議に臨む。

図5－21「乳母」（ドイツ）。赤ん坊のロイド＝ジョージ（右）、クレマンソー（左）に豊富な資金（ドル）を与えている乳母のウィルソン（アメリカ）。英仏はアメリカに財政面で支えられていたので、その意向を無視できない。

図5－22「吼える野獣ども」（ドイツ）。勢いづくブリティッシュライオンのロイド＝ジョージと虎のクレマンソー。

崩壊へ進むハプスブルク帝国

ドイツですら休戦を模索するなか、オーストリア＝ハンガリー帝国では、内部崩壊が始まっていた。戦争による社会の疲弊に飢餓が追い打ちをかけ、多民族を束ねていた帝国の箍《たが》は一気に緩み、戦争のさなかに、革命と民族の分離・独立と講和の動きが、ごちゃまぜになって進み出す。

一〇月初めにオーストリアは、ドイツ系も含めて、帝国内の全民族に自治権を認める方向に向かう。一〇月中旬に皇帝カールは、帝国の西を民族国家に分類する勅令を発した。すると、勅令がドイツ系オーストリア人の独立を後押しするものと考えたハンガリーは反発し、帝国からの離脱を決める。ハンガリーでは革命が進行し、開戦時の首相であったティサは、一〇月三一日に革命派の兵士に殺害された。

プラハでは一〇月二八日、チェコ民族委員会が権力を掌握し、三〇日にはスロヴァキア人もチェコ人とともに単一国家をつくることを宣言する。ポーランド人も独立を主張し、南スラヴの諸民族も独立に動き始める。ドイツ系オーストリア人の間ですら独立が進むなか、一〇月終わりに最後の帝国内閣が誕生し、二七日にウィルソンに単独講和を打診したが、何の反応も得られない。

イタリア軍最後の栄光？

オーストリアが和平の道を探っている間も、イタリア戦線では戦いが続いていた。一〇月二四日からイタリア軍は、英仏米軍の力も借りて総攻撃を開始する。ここに来て、多民族のオーストリア軍は瓦解する。ハンガリー政府はハンガリー軍を召喚してしまったし、連合国の勝利による独立を考える他の非ドイツ系の部隊にも戦意はない。ティロル戦線では一一月三日に休戦協定が調印された。

オーストリア側はそれが発効する前に即時に戦闘を停止した。そのうえで、イタリア側にも同様に停止を求める。しかし、イタリア側はこれを拒否して前進した。そのため、ティロル戦線でイタリア軍は、戦わずしてオーストリア軍を三〇万人も捕虜とする。

図5－23「歴史の皮肉」（ドイツ）。イタリアがオーストリアに最後に勝ったことを、歴史の皮肉としている。

戦闘があった場所にちなんで、この戦いはヴィットリオ＝ヴェネト攻勢と呼ばれ、イタリアでは「一大決戦の大勝利」として、第二次世界大戦後になっても祝い続けている。イタリアらしい話である。この戦いが、ドイツの戦闘継続の意志を挫いたとする一部の評価があるが、過大であろう。なぜなら、西部戦線で大戦の帰趨が、おおよそ定まってから起きているのだ。イタリアは、この戦いで一九一七年の失地の多くをようやく回復した。

ドイツを見捨てるオーストリア

一〇月二七日、単独で和平を求めるつもりだという皇帝カールからの知らせが、ベルリンに届く。それを知り、カイザーはひどく動揺して叫んだ。

「我々はオーストリアが困っているのを見捨てないように、この戦争に耐え続けなければならなかった。それなのに、オーストリアは我々を見捨てたのだ!」

確かにカイザーの気持ちはわからないでもない。しかし、オーストリアでは政府も皇帝も、もはやそれどころではなかったのである。すでにボリシェヴィキに触発された革命の火の手が上がっており、さらにそれはドイツにも飛び火し始めていた。

皇帝カールは退位せずに国内にとどまり、一一月一一日にいかなる政体も受け入れるとの声明を発する。翌一二日、一〇月に組織されていたドイツ系議員による臨時国民議会は、ドイツ系オーストリア共和国の設立を宣言する。同じように一四日にチェコスロヴァキア、一六日にハンガリーが、共和国(君主制をとらない国家)として独立を宣言した。こうして四〇〇年近く続いた、この地におけるハプスブルク家の国家は幕を閉じたのである。

連合国の休戦条件をめぐる会議

カイザーがスパに移ったのと同じ一〇月二九日、パリで連合国首脳は休戦条件に関する会議を始めた。会議は便宜上、政治面と軍事面に分けて議論を始めたが、最初から緊張をはらんだものとなる。

政治面の議論で、ロイド＝ジョージは一四ヵ条の第二条、公海航行の自由の受け入れを拒否する。イギリスがドイツに課している海上封鎖が、できなくなるからである。ウィルソンの代理で出席していたハウスは、ならばアメリカは単独講和をするかもしれないと警告する。ロイド＝ジョージは、その場合には戦争を継続すると言い返す。クレマンソーは、ロイド＝ジョージを援護した。ハウスの脅しは効かない。そもそもアメリカ議会が単独講和に応じる気配はなかったし、ロイド＝ジョージはそのことをよく知っていた。

会議は険悪になる恐れがあったが、翌三〇日、ロイド＝ジョージは、公海航行の自由の問題と賠償金の問題について留保すれば、一四ヵ条を受け入れてもよいと妥協案を出す。クレマンソーも同じ意見である。例によってイタリアは反対したが、英仏首脳はイタリアのためにアメリカを陣営から離反させる気は毛頭なかった。ハウスは公海航行の自由にこだわったが、ロイド＝ジョージはそれは来たるべき講和会議で話し合えばいいのではといなす（そして講和会議では議論しなかった）。

かくしてロイド＝ジョージの留保条件を別として、ヨーロッパの連合国は一四ヵ条に同意

図5－24「兵士と文民」（イギリス）。連合国軍総司令官のフォッシュが、文民の（左から）ロイド＝ジョージ、クレマンソー、ウィルソンに、「その道を行くのなら、ブービートラップに気をつけるように」と忠告している。休戦交渉を指しているが、実際の交渉にはフォッシュが赴いた。

し、そのことは一一月五日、アメリカのランシング国務長官を通してドイツ側に伝えられた。ハウスは、これをアメリカの「外交的勝利」としてウィルソンに報告したが、ロイド＝ジョージもクレマンソーも、一四ヵ条は流動的で骨抜きにできることを知っていたのである。

軍事面での条件をめぐっては、イギリス海軍の代表が強硬だった。ドイツ海軍の抑留が決められ、一方でドイツが強く望む海上封鎖の解除は休戦条件に盛り込まれなかった。国民を飢えさせる海上封鎖の継続は、後にドイツ代表団を大きく失望させる。

陸での軍事に関する条項は、さらに問題が多かった。首脳会議で、ロイド＝ジョージはフランスの要求に反対したが、ハウスはロイド＝ジョージを助けることができなかった。フランスの陸をめぐる過大な要求は、フランスの一四ヵ条支持と引き換えに認められた感がある。ただ、クレマンソーにとっては一四ヵ条などはどうでもよく、フランスの地政学的条件を考えれば当然と言えるが、陸での軍事条項の方がはるかに重要であった。

こうして休戦条件には、ドイツ軍のフランス、ベルギー、ルクセンブルクからの撤退は元より、連合国軍による占領を確実にするためのライン川左岸全域からのドイツ軍の撤退や、ライン川右岸の三地点の橋頭堡（前進基地）の半径三〇キロメートル以内からのドイツ軍の移動などが盛り込まれた。その他にも、武器や鉄道車両の引き渡し、東部戦線では一九一四年八月一日の位置にドイツ軍が撤退すること、ブレスト＝リトフスク条約やブカレスト条約の破棄なども条件に入れられた。

さまざまな要求が組み込まれ、あまりにも過酷であったので、強硬論者のフォッシュでさえもドイツが受け入れるか訝《いぶか》る。会議は一一月四日に終わった。しかし、この段階で連合国の指導者たちは、ドイツで革命が差し迫っていることをまだ知らずにいた。

カイザーの退位と亡命

この期に及んでカイザーがスパの最高司令部に移ったのは、不可解に見える。ただ、将軍らの一部には、それによりドイツ人が再び奮い立つと考える者がいた。カイザーは、彼らの期待に応えたと言われる。スパでは、カイザー自らが前線に突撃する「特攻」を敢行して帝位の威厳を示すといった荒唐無稽な案も真剣に検討された。

カイザーがスパに移った頃、ドイツ帝国は彼の存在を抜きにして自壊の道をひた走る。一〇月二九日、海軍では提督たちがドイツ海軍の誇りにかけて、最後となるであろう出撃を敢行しようとした。しかし、北海沿岸のヴィルヘルムスハーフェン軍港に集結していたドイツ大洋艦隊の水兵たちは、出撃命令を無意味と拒否してしまう。これに端を発して、一一月三日にはキール軍港で水兵たちが反乱を起こし、ドイツ各地に革命の火の手が燃え広がる。反乱の主導者の一部は、ボリシェヴィキの影響を受けた過激分子であった。封印列車でロシアに送り込んだレーニンのボリシェヴィキが、今やドイツにしっぺ返しのように戻ってきたのである。

だが、カイザーは怖気づいてはいなかった。一一月八日の朝、彼はヒンデンブルクらに「祖国を奪回するため」に、自身の指揮でドイツ国内に進む軍を組織するよう命じる。彼は自ら乗り出してドイツ国民を覚醒させ、それにより革命運動を倒せると信じていた。社会主義者が宮殿を占拠したと聞くとカイザーは、「余の城を奪回するために必要十分な軍はどこにいるのか」と拳で机を叩きながら叫んだ。

しかし、ヒンデンブルクには、この状況でカイザーに忠誠を尽くす将官がどれだけいるかわからなかった。翌九日、各軍から三九人の将官・連隊長が集められ、話し合いが持たれた。そのうち、カイザーが指揮する軍で革命の鎮圧が可能だと信じる者は、たった一人しかいなかった。会議ではカイザーが派遣軍を組織したとしても、兵士らは国内の革命家と戦わないだろうという結論に達する。

次にカイザーは周囲から説得されて、退位により事態の収拾を図ろうとする。一一月九日午後二時、カイザーはまさに、ドイツ帝国皇帝から退位する（ただし、プロイセン国王にはそのまま残る）文書に署名しようとした。ところが、その必要はなかった。すでに独断で宰相マックスが、カイザーは帝国皇帝としても国王としても退位すると発表してしまっていたのである。そのことを知り、カイザーは「裏切り！ 恥知らずな、卑劣な裏切りだ！」と非難はしたものの、その後は暖炉の前の肘掛け椅子に戻り、ひっきりなしにタバコを吸いながら言葉少なに押し黙ってしまった。

最高司令部にも革命の影響で、兵に不穏な空気が流れ始めていた。ヒンデンブルクは、安全が保証できないので中立国オランダに亡命するようカイザーを説得する。すぐには折れなかったが、その夜、カイザーはしぶしぶ同意してお召列車に乗り込む。ヒンデンブルクはスパに残り、これがヒンデンブルクにとって、カイザーと顔を合わせる最後となった。

一〇日早朝、カイザー一行は、列車でオランダに向かうが、鉄道がすでに革命分子の手に落ちていると聞くと、すぐさま数台の自動車に乗り換えて国境にたどり着く。オランダの国境警備担当者は、ドイツの将軍の一行だと信じて、まさかカイザーがいるとは思わなかった。カイザーらはそのまま国境を越える。ひとまず身の安全が確保されると、カイザーはタバコに火をつけて周囲にも勧めた。

数時間後、駆けつけてきた旧知のドイツ駐オランダ公使に対して、カイザーは「余は失意

図5－25「お尋ね者」（イギリス）。オランダに逃れたカイザー。迫りくる連合国を前に女性の陰に身を隠し、「勇敢な人ヴィルヘルム」は言う。「勇気を！　余はそなたを決して見捨てない」。女性は明記こそされていないが、オランダ女王ヴィルヘルミナ。実際に女王はカイザー引き渡しに反対した。

の人である」と語る。「これからの人生をいったいどう始めたらよいのだ。余には何の希望もない。何も残っていない、絶望以外は」と。公使は気を利かせて、恨みを晴らすために回顧録の執筆を勧める。するとカイザーは早くも明るくなって、「明日から書き始めよう！」と叫んだ。この目まぐるしいカイザーの感情の起伏が、この数十年、ドイツを、そして世界を何度となく揺り動かしてきたのであった。

カイザーが正式に退位の文書に署名したのは一一月二八日のことである。こうしてドイツ帝国は名実ともに消滅した。

ドイツ休戦

マックスは革命の拡大を恐れ、休戦を急いでいた。そんな時に届いたのがランシングからの覚え書きであった。だいたいは一四ヵ条に沿って休戦がなされると知って、彼は胸をなで下ろす。休戦交渉の全権大使には、マックスの内閣で無任所大臣であった中央党の幹部で、穏健派のマティアス・エルツベルガーが任命された。エルツベルガーは、気乗りはしなかったものの仕方なくこの役目を引き受けた。マックスは彼に、どんな条件でも休戦に応じるよう指示する。

エルツベルガーは、一一月七日の夜、両軍の前線を車で越えてから列車に乗り、翌八日の朝、フランスのコンピエーニュ近郊の森に着く。彼はそこに停められていた鉄道客車で、連合国側の代表であるフォッシュと会った。

フォッシュは不愛想に、「交渉の余地はない」と前置きしてから、休戦の条件を伝える。ドイツ側には想定していたよりもはるかに厳しい条件で、しかも回答期限は一一日午前一一時であった。ドイツ国内の「ボリシェヴィキ」を鎮圧する事態も考えられたので、ドイツ側代表団は一定の軍事力の保持を望んだ。フォッシュは柔軟性を示し、独断で武器の引き渡しなど、いくつかの条件を緩和する。エルツベルガーは、休戦協定への同意を得るためにベルリンに使者を送った。

その間、革命は収まらず、一一月九日、休戦「交渉中」にもかかわらず、マックスは宰相の座を社会民主党のフリードリッヒ・エーベルトに委譲する。新政府は厳しい休戦条件を知ったが、ボリシェヴィキに影響を受けたスパルタクス団などによる暴力革命の恐れが高まっており、それを避けるためにもどうにか休戦に持ち込みたかった。カイザーがスパを去ったのと同じ一〇日、エーベルトは休戦協定の受諾を決める。

エルツベルガーは一一日午前二時過ぎに受諾の知らせを受け、午前五時一五分に客車の中で、休戦協定に署名した。署名に際して彼は「七〇〇〇万の国民は苦しむであろう。しかし、死ぬことはない」という宣言を、連合国側に手渡す。フォッシュは「よかろう」とだけ答えて、握手もせずに去った。「死ぬことはない」と書いたエルツベルガー自身はこの署名が元で、三年もしない内にドイツで暗殺されてしまう。

休戦協定が締結されたという知らせは、その朝のうちに世界中を駆けめぐった。協定は午前一一時に発効し、戦闘は停止となった。戦争は講和条約の締結でもって正式に終了するものとは言え、事実上ここに終わりを告げたのである。

犠牲の記録

四年三ヵ月あまりの戦いで、参戦国の指導者の顔触れも大半は変わった。変わらなかったのは、イギリス国王、イタリア国王、フランス大統領など数えるほどである。

イギリスのジョージ五世は、一九三六年に七〇歳で崩御した。イタリアのエマヌエーレ三世は、第二次世界大戦も経験したが、ムッソリーニに協力し、戦後は王制が廃止されてエジプトへ亡命する。フランスのポアンカレは一九二〇年に大統領を辞したが、首相に返り咲いて、第一次世界大戦の戦後処理にあたり、一九三四年に没した。軍事指導者のうち、戦争で亡くなったのはキッチナーくらいである。

この戦争でどれだけの人々が犠牲となったかは定かではない。軍関係の死亡者に限れば総計で八五〇〇万人くらいという数値が専門家の推計で挙げられるが、九〇〇〇万人を下らないと見る向きもある。これに民間人の犠牲者を加えると、合計で一六〇〇〇万人とも言われる。また、世界中で猛威を振るったインフルエンザの犠牲者二七〇〇〇万人をどれほど加えるかによってさらに数字は跳ね上がりそうである。

図5－26「フランスの奇跡」（フランス）。1429年、ジャンヌ・ダルク18歳。1918年、クレマンソー78歳。年齢差のある2人の奇跡を対比。

主要国の軍関係の死亡者数もソースによって幅があるが、あえて一般的と思われる数字を挙げると、まずはドイツが一八〇万人近くで一番多いとされる。ただ、ロシアは一七〇万人と推計されており、あまり差はない（内戦の犠牲者を加えれば数値はかなり上がる）。次に多いのはフランスで一四〇万人近く、オーストリア＝ハンガリー帝国が一二〇万人でこれに続く。

イギリスは帝国全体で九〇万人あまりで、

うちイギリスだけだと七〇万人ほどとされる。イタリアの場合は、六五万人とするものもあれば四六万人とするものもあり推定数値にも幅がある。トルコは公式の数字はないものの三万人前後である。アメリカは一二万人弱。日本は公式には四一五人である。

戦場では八五〇万人、あるいはそれを超える人々が亡くなった。個々の死は巨視的に見れば統計の数字として処理されてしまうが、実際はその一人ひとりの死がはかり知れない悲しみをもたらしたのは間違いないだろう。

終章　ヴェルサイユ条約とその後の群像

図E－1

図E－2

図E－1「ヴェルサイユの亡霊たち」（イギリス）。講和条約に署名しようとしているドイツ軍人を、1871年、独仏戦争に勝利した際にドイツの指導者であった３人が、亡霊となって見守っている。ドイツ皇帝となったヴィルヘルム一世（中央）、ビスマルク（右）、大モルトケ（左）である。歴史的記憶を喚起するものだが、ヴェルサイユの屈辱はかつての栄光と相まって記憶に刻まれ、新たな復讐の歴史を生む原動力になってしまう。

図E－2「ヴェルサイユの平和」（ドイツ）。講和条約案がドイツ国民にいかに過酷なものと受け止められたかを示している。画はせめてもの抵抗であったのだろう。不吉な未来を暗示しているようにも見える。

休戦の後に

休戦から一一日後の一九一八年一一月二二日、一人の君主が四年ぶりに自分の国の首都に入った。ベルギー国王アルベール一世である。彼はブリュッセルで国民に熱狂的に迎えられた。国民は国王が大戦中にドイツ側と講和をめぐり、密かに接触していたことなど、知る由もない。もっとも、その時のドイツの条件は受け入れられるものではなかったし、仮に国王が了承したとしても政府は拒絶したであろうが。

アルベール一世を母国から追いやったドイツ陸軍の兵士たちも故郷に戻り、熱狂的とは言わないまでも歓迎された。新しいドイツ共和国（後にワイマール共和国と呼ばれるようになる）の首相で、社会主義者のエーベルト（一九一九年二月、大統領に就任）は、一二月にベルリンで帰還兵たちに向かって、「打ち負かされることなく戦場から戻った貴殿らに敬意を表する」と述べている。

確かに屈辱的な休戦条件を受け入れてはいたが、無条件降伏をしたわけではない。休戦の時点で、ドイツ領も敵の手に落ちてはいない。連合国軍はラインラントを占領したが、首都ベルリンで勝利の行進もしてはいない（一八七一年に独仏戦争に勝利した時に、ドイツはパリでそれをしている）。つまり、「完全に負けたわけではない」という気分が、ドイツ側にはあった。

さらに、講和会議を前にしてドイツでは、ウィルソンに促されて「民主主義国家」に変貌したこと、彼の一四ヵ条の原則に基づいて講和がなされることが、希望的観測に支えられてある種のあいまいな期待を形成していた。

一二月には大西洋を渡ってそのウィルソン大統領が、ヨーロッパ大陸に降り立った。彼は少なくとも民衆の間では、熱狂的な歓迎を受けた。その一四ヵ条は、講和会議の基礎となるはずだった。しかし、アメリカ議会では一一月の中間選挙で野党の共和党が多数を握り、ウィルソンによる講和はその足元で揺らぎ始めていた。

ヴェルサイユ講和

パリ講和会議は一九一九年一月一八日に始まった。四八年前のこの日、独仏戦争に勝利し、ドイツ帝国初代皇帝ヴィルヘルム一世はヴェルサイユ宮殿で即位している。クレマンソーはもちろん、この記念日に合わせたのである。ただし、今度はドイツ人はいない。会議は戦勝国である連合国二七ヵ国の間だけであり、ドイツの代表は招かれていなかった。実質的な決定は、ウィルソン、クレマンソー、ロイド＝ジョージの三巨頭によってなされたと言ってよいだろう。三者の思惑は最初から異なっていた。

ウィルソンは、中小国を含めて、国際紛争を平和裏に解決する組織としての国際連盟の設立を最優先と考えていた。それを知っていたヨーロッパの首脳はウィルソンの「こだわり」

を利用して、他の一四ヵ条の幾つかの条項における譲歩をもぎ取る。ヨーロッパの首脳が老《ろう》猾《かい》だったのだろうか。むしろアメリカの交渉団が、経験不足だったとも言えよう。

イギリスのロイド＝ジョージは選挙で圧勝して、講和会議に臨んだ。彼自身はリベラルなリアリストだったが、選挙での公約、党内からの圧力、ドイツに対する懲罰を求める世論などによって行動を制約される。おまけにイギリスは、得るべきものをすでに得ていた。戦前にあったドイツ海軍の大きな脅威は、取り除かれていたからだ。イギリスは国際連盟に懐疑的であったので、伝統的な外交政策である大陸における勢力均衡に重きを置く立場に戻った。ロイド＝ジョージは、イタリアの「過剰な」領土要求を抑え、またフランスがアルザス＝ロレーヌ地方の奪回以上を要求することに反対の立場に回る。彼は二二年に首相の座を去り、第二次世界大戦のドイツ降伏直前である四五年三月、八二歳で亡くなる。

フランスのクレマンソーの最優先事項は、何と言ってもドイツとの関係で自国の安全保障を確実にすることである。さらに領土の獲得とヨーロッパ大陸での経済支配を確立し、フランスを再活性化させたいとも考えていた。領土要求はアルザス＝ロレーヌ地方は元より、ザールからライン地方にまで手を伸ばそうとする「過大な」ものだった。彼はさらに東ヨーロッパに、新しい諸々の国家が生まれることを強く望んだ。とくにポーランドが再興され、ドイツに対抗する国家となることを安全保障の観点から重視した。

また、クレマンソーは、ドイツが「民主主義国家」になったのは、講和条件を緩和するた

図E－3「講和と将来の大砲のえじき」（イギリス）。ヴェルサイユの階段を下りて来たのは、右から、ウィルソン、クレマンソー、イタリア首相オルランド、ロイド＝ジョージ。クレマンソーが「不思議だ。子どもが泣いているように聞こえるんだが」と言っている。柱の陰で泣いているのが、将来の戦争で大砲のえじきとなるであろう子ども。その上に「1940年兵」と記してあるのが、予言的とも言われるウィル・ダイソンの著名な作品。

めの目くらましにすぎないと見ていた。そのため、彼は戦争中の連合国間の関係が維持されることを望み、さらなる安全保障のために仏英同盟の成立も追求する。最終的に、クレマンソーは望んだすべてを得られたわけではなかったが、かなりのものを手にしたのだ。

ヴェルサイユ条約案は、それぞれの思惑を持って集まった指導者たちの議論と駆け引きの末にまとめられ、五月七日にドイツ代表団の全権にクレマンソーから手渡された。講和条件を見て、ドイツ側は衝撃を受ける。一四ヵ条に基づき、「民主主義国家」であるドイツにそれなりの敬意が払われているかと思いきや、その内容は一方的で厳しいものだった。なかには戦時賠償を正当化するためであったが、ドイツの戦争責任までもが盛り込まれていたのだ。ドイツ側がもっとも問題視したのは「恥辱の諸条項」と呼ぶもので、カイザーを始めとして多くの「戦争犯罪者」の訴追が求められたことだった。ドイツ代表団は、ウィルソンに一杯食わされたと感じたであろう。おまけに討議の機会はなく、文書による意見提出のみが許された。五月二九日のドイツの意見書提出を受けて、連合国側は若干の修正を施した後、六月一六日に五日以内に調印の意思表明がなければ休戦が停止となると通告する。

もちろんドイツに再び戦う力は残っていない。ドイツでは政権交代がなされ、新政権が調印受諾を伝え、六月二八日にドイツはヴェルサイユ条約に調印する。六月二八日は、奇しくも五年前にサライェヴォ事件の起こった日である。

ヴェルサイユ条約の波紋

条約によりフランスは、アルザス＝ロレーヌ地方を取り戻した。主にイギリスの反対で、フランスはラインラント（ドイツ西部のライン川中流の地方）を得られなかったが、連合国はライン川左岸を保障占領（条約の履行を間接的に強制するための占領）し、右岸五〇キロメートル以内でのドイツの非武装化も定められた。ザール地方もイギリスの反対でフランスの物とはならなかったが、国際連盟の管理下に置かれることになる。ドイツの西側の国境はこの後、一九二五年のロカルノ条約でひとまず確定する。

東側の国境はさらに問題含みだった。フランスとアメリカは、フランスの安全を保障するために強いポーランドを欲する。そのためドイツは必要以上に（とドイツ人は思ったことだろう）領土を割譲しなければならず、恨みを抱くことになった。

ドイツは海外植民地を失い、軍備は制限され、条約調印時には額は決まっていなかったものの、後に巨額の賠償金を課される。さらに先のことになるが、その支払いが滞ると、一九二三年にはフランスとベルギーによって一時的にルール地方を占領されもした。ヴェルサイユ条約の「過酷さ」が、第二次世界大戦が勃発する主たる原因となったと考える歴史家は多い。

一方で、同時代にあって、その「過酷さ」を指摘したのが、まだ若かった経済学者ジョン・メイナード・ケインズである。彼はイギリス代表団の一員だったが、条約が調印される前に抗議のため辞任し、一九二〇年に『平和の経済的帰結』を出版する。その本で彼は、ドイツの賠償金支払い能力が誇張されており、ドイツに対する懲罰よりもヨーロッパの経済復興を優先すべきだったと論じている。

この著作はヴェルサイユ条約批判の書として大きな注目を集め、各国で翻訳され、世論に多大な影響を与えた。しかし、その影響力の大きさゆえに、当のドイツにおける条約や戦後処理に反対する煽情的な運動を結果的に利することになる。

病身のウィルソンとアメリカなき国際連盟

ウィルソンは四月にフランスでインフルエンザにかかり、その後、病気の発作に襲われた。

ただでさえ頑迷な彼はさらにかたくなになり、柔軟性を失う。自国に戻ったウィルソンを待っていたのは、種々の意見からなる上院の条約反対論であった。アメリカでの条約批准には、上院の出席議員の三分の二以上の賛成が必要でハードルは高く、まして上院では野党の共和党が多数を占めていた。ウィルソンは九月から条約批准を訴える全国遊説に出たが、再び発作を起こして倒れ、一〇月初めの重い発作（脳卒中であると言われる）では左半身が麻痺《まひ》し、数週間病床につく。

反対論の中心は、皮肉なことにウィルソンが設立にこだわった国際連盟とアメリカの関係である。上院の反対者は、侵略などに対して加盟国が相互に協力して対抗する集団的安全保障によって、アメリカの行動が拘束されることを嫌った。ウィルソンは上院議員を懐柔するよう助言されたものの、拒否してしまう。

上院は一一月と翌年三月に表決をした。三月の表決では五八パーセントの賛成を得たが、三分の二には達しなかった。ウィルソンが集団的安全保障の条項を留保するような妥協を積極的にしていたならば、結果は変わっていたかもしれない。結局、国際連盟にアメリカは参加せず、ドイツとは後の一九二一年に単独で講和条約を結ぶこととなる。

アメリカ上院の批准拒否は、フランスの対独安全保障に影響を与えた。条約をまとめる過程で、クレマンソーは将来ドイツが侵略してきた場合に英米が共同で介入するという保証と引き換えに過大な領土要求を引っ込め、ラインラントの非武装化で妥協していた。ところが

図E－4「将来の戦争の種」（アメリカ）。講和会議を取材した作者マカッチャンは、ウィルソンを支持し、条約批准を訴えた。この画では、上から日本、イタリア、イギリス、フランスが、それぞれ将来の戦争の種を蒔いている。にもかかわらず、彼らが「世界平和を守る国際連盟の指導者」であるとアンクルサムは嘆く。連盟の限界が示されている。

イギリスはアメリカの保証を条件にこれを受け入れていたので（ウィルソンは急場しのぎで認めていた）、アメリカ上院の批准拒否により、アメリカは元よりイギリスの保証もなくなってしまった。これはフランスにとって手痛かったに違いない。このような英米の保証があったとしたら、その後のドイツの行動に対する抑止になったであろう。何よりもフランスの安全保障を重視していたクレマンソーは、この問題の影響もあって一九二〇年初めの大統領選（当時は議会が選出）に落選したとも言われる。彼は二九年に八八歳で亡くなった。

休戦の交渉役を務めたフォッシュも、ヴェルサイユ条約でフランスがラインラントを得られなかったことに大変不満で、一九一九年に「これは講和ではない。二〇年間の休戦だ」という著名な言葉を残し一九二九年に七七歳で没した。事実、その二〇年後の一九三九年に第二次世界大戦が勃発した。また、ジョフルはフォッシュより少し長く生き、三一年に七八歳で他界した。

それより長く生きたペタンは、第二次世界大戦中の一九四〇年、副首相に任命される。八四歳のペタンは、ドイツ軍に対する徹底抗戦よりも講和を主張して首相と対立。その後、自ら首相となりヒトラーに講和を申し入れた。そして、すでに述べたが、戦後に死刑判決を受けるも減刑され、五一年に九五歳で没した。

アメリカに話を戻そう。ウィルソンの失意は計り知れない。一九一九年に国際連盟設立に重要な役割を果たしたとして贈られたノーベル平和賞は、いささかの慰めとなっただろうか。その後、一九二四年二月にウィルソンは、発作と心臓疾患で亡くなる。享年六七歳だった。

この二四年、パーシングは退役し、その後出版した大戦回顧録はピューリッツァー賞を受賞している。彼は、第二次世界大戦後の一九四八年に八七歳で没し国葬された。単独の軍人としてはアメリカ史上最初の国葬である。

ムスタファ・ケマルの終わらない戦争

ヴェルサイユ条約締結後、連合国は他の敗戦国とも次々と講和条約を締結した。一九一九年九月にはドイツ系オーストリア共和国との間にサン＝ジェルマン条約が結ばれた。条約でオーストリアは領土を縮小され、賠償金も課され、国名も変更となり、人口六五〇万のオーストリア共和国に生まれ変わった。

オーストリア国内にとどまっていたカール一世は、条約締結の半年ほど前となる一九一九年三月にスイスに亡命した。二一年には復位をめざしてハンガリーに入るが、逮捕されてポルトガルのマデイラ島に流され、翌年には三四歳の若さで病没する。

カール一世に参謀総長の座を追われたコンラートは、戦後は隠棲し、哲学と宗教にのめり込み、長大な回顧録を執筆した。一九二五年に七二歳で病没したが、葬儀には一〇万人以上の人々が参列したという。

一九一九年一一月には、連合国とブルガリアの間にヌイイ条約が締結され、第一次世界大戦の結果、誕生した南スラヴ系多民族の統一国家セルビア＝クロアチア＝スロヴェニア王国(後にユーゴスラヴィア王国と改称)は、マケドニアなどを獲得し、ギリシャはトラキア西部を得る。

ハンガリーでは一九一九年に国内政治が混乱し、一時は共産主義政権が成立した。一九二〇年六月、ハンガリーはトリアノン条約を結び、ルーマニアなどの隣接諸国に三分の二の領土を渡す。他方、一連の条約でチェコスロヴァキア、ポーランド、ユーゴスラヴィアの独立が承認され、ヨーロッパの東の地図は大幅に塗り替えられた。

しかし、敗戦国であっても、トルコの場合、話は少し複雑である。連合国とオスマン帝国は、一九二〇年八月にセーヴル条約という講和条約を調印した。領土の割譲は元より、海峡の開放や治外法権まで盛り込み、トルコに「保護国」の地位を強いるかのような屈辱的な内容であった。そのため、国内では反対運動が起こる。その運動の指導者が、ダーダネルスの英雄ムスタファ・ケマルであった。

すでに一九一九年五月、パリ講和会議の最中に連合国首脳の了承を得て、ギリシャは軍を小アジアの都市イズミルに上陸させていた。ムスタファ・ケマルはそれに対抗して、国民的な抵抗運動を始める。運動はアンカラ政府と呼ばれる、オスマン帝国政府に代わる革命政府の樹立に発展する。

一九二一年、連合国に承認されて、ギリシャ軍はトルコを屈服させるためにイズミルから前進する。ケマルの軍はこれを迎え撃って退け、二二年九月にはイズミルからもギリシャ軍を追い出した。トルコ国民軍は、ダーダネルス海峡のチャナックで、イギリス軍とにらみ合う。この状況下、スイスのローザンヌで和平交渉がもたれ、批准されていないセーヴル条約に代わるものとして新たにローザンヌ条約が二三年七月に調印された。

ローザンヌ条約下で、トルコは独立国の体面を守った。ケマルはこの機を逃さず、オスマン帝国政府の勢力を駆逐し、二三年一〇月に共和国を宣言して初代大統領に就任する。ケマルには「トルコ人の父」を意味するアタチュルクという姓が、国民議会から贈られた。オスマン帝国はトルコ共和国に生まれ変わり、帝国の一介の軍人にすぎなかったケマルは、第一次世界大戦と革命を経て、「トルコ人の父」と崇《あが》められるようになるのである。

それは「背中への一刺し」だったのか？——ルーデンドルフのその後

休戦の日、ルーデンドルフは変装してポツダムの弟の家に身を寄せており、数日後、デンマークのコペンハーゲンに発つ。彼はデンマークからスウェーデンに移り、回顧録を執筆してから、翌一九一九年二月にドイツに帰国する。

この年の秋、イギリスの将軍との会食の席でドイツ軍の敗因を問われて、ルーデンドルフは「背中への一刺し」（「匕首伝説」とも呼ばれる）という考えを披瀝した。ドイツは軍事的に負けてはおらず、銃後での裏切り（背中への一刺し）で敗れたのだと考えたのである。このフレーズは独り歩きを始め、右派において社会主義者や共産主義者、さらにはユダヤ人に敗戦の責任を押しつけるためにも使われるようになる。

ルーデンドルフは一九二〇年三月、ワイマール共和国に反旗を翻したナショナリストであるカップのクーデター（カップ一揆）に参加する。一揆が失敗した後、ヒトラーらが接近してきて、二三年一一月、ナチス党員が引き起したクーデターであるミュンヘン一揆にも、首謀者ではなかったものの発生後に関わる。一揆は失敗に終わり、ヒトラーは有罪判決を受けたが、ルーデンドルフは無罪となった。

ヒトラーは獄中で『我が闘争』を書き、そこで大戦での戦闘体験について書いている。公文書の公開や研究により、近年ではヒトラーの著作やナチスのプロパガンダによって歪曲されてきた彼の軍歴の実態が明らかになっている。ヒトラーは歩兵として第一次イープル戦に加わった後、連隊本部付の伝令兵となる（死亡率の低い伝令兵であったことを、後に彼は意識的に隠している）。その後の四年間で西部戦線の主要な戦いの多くに伝令兵として参加した。その間、二度負傷して後送され、とくに一九一八年一〇月の休戦間近には、イギリス軍の毒ガス弾の攻撃で一時的に失明の憂き目にもあっている。軍歴に比してリーダーシップに欠けたため、最終階級は上等兵、もしくは伍長勤務上等兵となっている。

数々の勲章を受け、とくに一九一八年八月には、兵に授与されるのは極めてめずらしいドイツ軍の最高勲章、第一級鉄十字章を受けている。この勲章は、彼のその後の政治キャリアにおいて大きな後押しとなったが、最近の研究では、勲章授与にあたり彼を推薦したのが連隊のユダヤ系将校であったのも明らかになっている。後に彼が迫害するユダヤ人に推薦されたことを、ヒトラーは自覚していたのだろうか。

一方、ルーデンドルフは、一九二五年にはワイマール共和国の大統領選に出馬したが、三月の第一回投票で一パーセント強の票しか集められず惨敗する。そして、第一回投票で大統領が決まらず、保守・右派陣営に担ぎ上げられて第二回投票に立候補して当選したのが、かつて「英雄コンビ」を組んだヒンデンブルクである。二人は直接、票を争ったわけではないが、戦後の明暗がはっきりと出たことになる。ほどなくルーデンドルフは引退した。一方、ヒトラーのナチス党は、その後の数年で勢力を急拡大する。

「元帥」と「上等兵」の闘い――ヒンデンブルクとヒトラー

一九三二年三月と四月のドイツの大統領選は、ヒンデンブルクとヒトラーの一騎打ちの様相を呈する。大戦時の「元帥」と「上等兵」の闘いである。かつてヒンデンブルクを支持した保守・右派陣営は、ヒトラー陣営に回る。反対にヒンデンブルクは、ヒトラーを嫌う左派などから支持を受ける。高齢と健康不安を抱えながらも、ヒンデンブルクはヒトラーをしのいで当選し、二期目の大統領職に就く。一方、ヒトラーのナチス党は勢力を拡大し、七月の総選挙で第一党となる。一二月の総選挙でも第一党を維持し、ヒトラーは首相の座を得るためにさまざまな画策をする。

ヒンデンブルクは、抵抗感は強かったものの周囲の説得を受け入れて、一九三三年一月、ヒトラーを首相に任命する。その際、すでにナチスから距離を置いていたルーデンドルフは、首相となったヒトラーは「我らの祖国を地獄に投げ入れ、国民に想像も及ばないほどの悲惨をもたらすであろう」という不吉な予言を、ヒンデンブルクに電報(もしくは手紙)で伝えたとも言われた。けれども、現代の歴史家はこれが本当になされたか疑わしいとしている。予言を伝えられたかはわからないが、ヒンデンブルクは翌三四年に八六歳で亡くなる。すでにヒトラーの手によって、次の大統領職は廃止になっていた。

一九三五年三月、ヒトラーはヴェルサイユ条約で課された軍事制限条項の破棄を宣言し再軍備に乗り出す。三六年三月にはラインラントにドイツ軍を進駐させ、ヴェルサイユ条約を破棄。ルーデンドルフは翌三七年一二月に七二歳で亡くなった。ナチスと袂を分かった感もあったが、故人の遺志に反してルーデンドルフはヒトラーの手で国葬にされる。それから二年もしない三九年九月一日、ドイツ軍はポーランドに侵攻し、第二次世界大戦が勃発する。

ヴィルヘルムの最期——ヒトラーとチャーチルの誘い

本書を締めくくるにあたり、ヴィルヘルム二世のその後に触れておきたい。オランダに亡命したヴィルヘルムは、ヴェルサイユ条約第二二七条で「国際道徳および条約の尊厳にたいする重大な犯罪の故をもって訴追する」とされる。ヴィルヘルムの訴追を知り、かつての宰相ベートマンは動く。一九一九年六月、代わりに自身を裁判にかけるよう連合国側に要請したのだ。この訴えは無視され、彼は二一年に六四歳で亡くなる。

一九二〇年一月、連合国はオランダ政府にヴィルヘルムの引き渡しを要求する。しかし、オランダ政府は条約の署名国でないことから、直ちに引き渡しを拒否する。さらにオランダ女王、従兄弟のジョージ五世も戦争犯罪人としての彼の召喚に反対した。ただ、ジョージ五世の介入はイギリス政府によって封じられた。また、ベルギーのアルベール一世も意外なことに反対している。彼の反対は、召喚に積極的となるかもしれなかったベルギー政府に大きな圧力となった。

王室ネットワークは大戦を回避できなかったが、ここに来て、ヴィルヘルムを「救う」ためには機能したのである。さらに彼の訴追に関しては、連合国間で当初より足並みが揃っていなかった。イギリス以外は、召喚に熱心ではなかったのである。

召喚の恐れはいつしかなくなり、オランダのドールン城に住みながら、ヴィルヘルムは復位の夢を抱き続ける。一九二九年一月に七〇歳の誕生日を迎えた時、ヴィルヘルムのかつての将軍たちはドールンに集まって祝し、「真の英雄」とも称されたマッケンゼンが代表して祝いを述べた。ヴィルヘルムは即興で、集まった人々にいまでも忠誠を誓うかを問うた。皆が一致して「ヤー」（はい）と答えたと言う。

しかし、ナチスの台頭は、彼の復位の夢を遠ざけた。ヒトラーを嫌うヴィルヘルムは、ヒンデンブルク大統領を通して復位を果たそうとするが、ヒンデンブルクは個人的には復位を望むものの政治的状況と世論からしてそれは不可能であると間接的に伝える。

一九三四年二月、ヒトラーは強烈な君主制批判をして、君主制に関係する組織を非合法化してしまう。病に侵されたヒンデンブルクは五月に書面を残し、その中でいつの日か君主制が復活することを望むと記すが、いつが適切かはヒトラーに判断を委ねるとした。八月初め、ヒンデンブルクは死去する。最後の言葉が「我がカイザー」というのは出来過ぎた話だが、混濁する意識ゆえのこととされる。ヒンデンブルクの国葬をタンネンベルクで執り行ったヒトラーは、ヴィルヘルムがもっと早くヒンデンブルクの能力を認めていたら、大戦は勝利に終わったかもしれないと述べた。

第二次世界大戦の勃発で、ヴィルヘルムの政治的利用価値は高まった。一九四〇年五月にドイツがオランダを占領しドールンが解放されると、彼はディナーでシャンペンを開け、グラスを片手に涙を流して、その「栄光の瞬間」を喜んだ。ヒトラーは彼に書簡を送り、ドイツに戻るよう誘うが、ヴィルヘルムは間接的に断りを入れる。

チャーチルもヴィルヘルムの政治的価値に目をつけて政治亡命を打診したが、「イギリスに逃れるくらいならオランダで撃たれる方がましだ」と断る。チャーチルの政治宣伝に利用されるのは目に見えており、またイギリスへの恨みも消えていなかったのだろう。

ヴィルヘルムはドイツの軍事的成功を喜んでいたが、それは彼にとっては「余の学校出身」の将軍たちの勝利であるからだった。老いてもなお虚栄心は変わらなかったのである。フランスが休戦を申し出ると、第一次世界大戦の仇討ちができたと考えたのだろう、ヒトラーに祝電を送る。ただ、ヒトラーは素っ気ない返電をしたのみであった。ナチスは彼を見限ったのだった。

ヴィルヘルムは一九四一年六月四日、病気のために八二歳で亡くなった。ヒトラーはヴィルヘルムの国葬をベルリンで行い、その棺の後を歩くことで、ドイツの代々の皇帝の継承者が自身であるように印象づけたいと考えた。しかし、ヴィルヘルムの遺族は、ドイツが君主国でなければドールンに埋葬するようにという遺言の指示に忠実に従い、それを断る。ただ、ナチスを無視もできないので、その関係者も葬儀に招くかたちで妥協が図られ、六月九日に葬儀が行われた。

ドイツから九二歳のマッケンゼンが駆けつけたが、途中、イギリス軍の空爆で到着は遅れた。マッケンゼンはヴィルヘルムに最後まで忠実であった。国民的な人気があった彼は、ワイマール共和国の時代に、望めばヒンデンブルクのようにドイツの指導者の一人になれた可能性がある。そうなればヴィルヘルムの復位も多少は現実味を帯びたかもしれない。しかし、マッケンゼンは政治に関心がなかった。葬儀の二度目の儀式の終わりには、ヴィルヘルムが愛したポツダムの土が棺の上に撒かれた。それからマッケンゼンは棺に寄り添い、しばし祈りを捧げた。

葬儀の日は、すばらしく晴れ上がった六月の一日だったという。二七年前の六月のサライェヴォの暗殺の日がそうであったように。

あとがき

第一次世界大戦の開戦から一〇〇年あまりが過ぎた。学術研究の世界では、一〇〇周年を期して、内外で関連の書籍の出版が続き、まさに汗牛充棟の感がある。本書はそれに遅ればせながら加わった通史であるが、三点ほど特色がある。

まず本書は、政治外交と軍事の動きを中心とし、それにかかわった人々とその決定に着目している。戦争の帰趨に影響する決定をしたのは主にヨーロッパの国々（後半にはアメリカも加わるが）の政治・軍事指導者であるので、内容はヨーロッパ寄りである。近年では戦争のグローバル性を重視する研究や社会史などの分野の研究も進んでいるが、それらと比べるとオーソドックスと言えるかもしれない。

もう一つの特色としては、人物や戦争の展開を生き生きと伝えられればと思い、絵の力を借りたことである。諷刺画を中心として、寓意画も含む肖像画、戦争画などを多数用いている。これらはすべて当時の新聞・雑誌などに掲載されたものである。大戦期の諷刺画を大戦の動きとともに紹介する本は海外に何冊かある。ただ、本書のように通史として進めながら、ところどころで挿話的に諷刺画などを用いた著述は他におそらくない。見方を変えれば、絵とともにたどる大戦史と言えると思う。絵も歴史のコンテクストの中に置かれて、初めて生き生きと輝き出すことがある。絵と本文の内容が呼応するような歴史のダイナミズムを、多少なりとも感じていただければ幸いである。

三つ目の特色としては、オーソドックスとは言っても、内容にはできる限り最新の研究成果を反映させようとしたことである。欲張りすぎて著者の力量を超えてしまったと思うが、次に述べるように比較的最近の文献を中心に用いて書いているので、部分によっては自ずと最新の研究成果が反映しているのではと思う。

本書の執筆に当たっては、海外の文献を主に利用した。詳細は参考文献目録に記したが、開戦過程に関しては、クリストファー・クラーク、ヒュー・ストローンの著作に負うところが大きい。大戦中の軍事的な展開については、ストローン、デーヴィット・スティーヴンソン、個別のエピソードについてはマーチン・ギルバート、イアン・F・W・ベケットの諸著作が役に立った。カイザーについては、ラマー・セシルの包括的な伝記とクラークの論考、オーストリア史についてはゴードン・ブルック＝シェパードの著作を主に参照した。全体的な展開についてはA・J・P・テイラーを始めとして、ジェイ・ウィンター、ジョン・ホーン、ストローンらがそれぞれ編者を務めた論文集の諸論考、コリン・ニコルソンのコンパクトな事典などを活用した。一つずつ紹介する余裕はないが、もちろん日本語でも優れた入門書、論考、翻訳が出ており、所々で参照した。新書であることから注は省いたが、各節・段落でそれぞれ文献による裏付けはある。

絵について言えば、目にした諷刺画は数千点を下らないと思う。図書館の書庫でひたすらページをめくったり、ネットでクリックを続けたりして、発見の楽しさを十分味わうことができた。ただ、その中から本書に合うものを選ぶのはきつかった。

本書の執筆は、中公新書編集長の白戸直人氏に恐る恐る打診したことに始まる。チャンスを与えていただいた白戸氏に感謝したい。執筆は当初、鬱蒼とした森の中に迷い込んだような状態であったが、書き続けるうちに視界が開けてきた。自分なりに問いを立てると、研究の分厚い蓄積のおかげで必ず答えなりそのヒントが見つかり、書いていて楽しかった。ただ、そうしてできあがったのは、下手な歴史物語作家のような書きぶりの代物であった。長くしかも錯綜した原稿を一変させて一冊にまとめることができたのは、一にも二にも、編集を担当された上林達也氏のご尽力のおかげである。ここに深甚の謝意を表したい。

最後に私事ながら、生活の煩わしさに浸《ひた》らせてくれて、意図せずして研究・執筆のストレスを軽減してくれた家族の面々、荊妻、豚児二人、今は亡き愛犬、今いる愚犬に感謝したい。

二〇一六年二月二一日

飯倉　章

13 *Lustige Blätter*, v.32 n.50 (1917/12/10), p.16 (Walter Trier).
14 *Kladderadatsch*, v.71 n.22 (1918/6/2): 267 (Arthur Johnson).
15 *Liverpool Echo*, 1917/12/10.
16 *Lustige Blätter*, v.32 n.53 (1917/12/31), p.3.

■第5章

1 *Lustige Blätter*, v.33 n.15 (1918/4/14), p.1.
2 *Punch*, v.155 (1918/11/20): 334 (Bernard Partridge).
3 *New York Evening Mail*, in *American Review of Reviews*, v.57 n.2 (1918/2): 141.
4 *Kladderadatsch*, v.71 n.6 (1918/2/10): 69 (Gustav Brandt).
5 *Kladderadatsch*, v.71 n.10 (1918/3/10): 124 (Arthur Johnson).
6 *Lustige Blätter*, v.33 n.26 (1918/7/1), p.16 (Wilhelm Anton Wellner).
7 *Punch*, v.154 (1918/4/24): 259 (L. Raven-Hill).
8 *Le rire rouge*, n.187 (1918/6/15), p.1 (A. Barrère).
9 *Jugend*, v.22 n.31 (1917/7/29): 605 (Karl Bauer).
10 *Simplicissimus*, v.23 n.7 (1918/5/14): 77 (Thomas Theodor Heine).
11 *Simplicissimus*, v.23 n.19 (1918/8/6): 224 (Thomas Theodor Heine).
12 *New York World*, in G. J. Hecht, p.125 (Rollin Kirby).
13 *Le rire rouge*, n.139 (1917/7/14), p.1 (C. Léandre).
14 *Jugend*, v.23 n.32 (1918/8/5): 623 (Erich Wilke).
15 *Le rire rouge*, n.197 (1918/8/24), p.1 (C. Léandre).
16 *Cleveland News* (by inference), in G. J. Hecht, p.131 (Robert W. Satterfield).
17 *Le journal*, 1918/10/5 (Ch. Léandre).
18 *Le rire rouge*, n.204 (1918/10/12), p.3 (L.M).
19 *New York Times*, in G. J. Hecht, p.157 (Edwin Marcus).
20 *Brooklyn Eagle*, in G. J. Hecht, p.159 (Nelson Harding).
21 *Lustige Blätter*, v.33 n.37 (1918/9/16), p.16 (Walter Trier).
22 *Lustige Blätter*, v.33 n.40 (1918/10/7), p.20 (Walter Trier).
23 *Kladderadatsch*, v.71 n.46 (1918/11/17): 573 (Arthur Johnson).
24 *Punch*, v.155 (1918/10/23): 269 (Bernard Partridge).
25 *Punch*, v.155 (1918/12/11): 383 (L. Raven-Hill).
26 *Le rire rouge*, n.208 (1918/11/9), p.1 (A. Willette).

■終　章

1 *Punch*, v.156 (1919/5/7): 363 (Bernard Partridge).
2 *Simplicissimus*, v.24 n.9 (1919/5/27): 109 (Wilhelm Schulz).
3 *Daily Herald*, 1919/5/13 (Will Dyson).
4 *Chicago Tribune*, in D. Dewey, p.143 (John T. McCutcheon).

7 *Melbourne Punch* (1915/5/20), in T. Benson, p.56 (Charles Nuttall).
8 *Kladderadatsch*, v.68 n.45 (1915/11/7): 711 (Gustav Brandt).
9 *Simplicissimus*, v.20 n.34 (1915/11/23): 408 (Ragnvald Blix).
10 *Kladderadatsch*, v.68 n.31 (1915/8/1): 493 (Gustav Brandt).
11 *Numero*, n.83 (1915/7/25), in E. Demm, p.63.
12 *Simplicissimus*, v.20 n.19 (1915/8/10): 217 (Wilhelm Schulz).
13 *Lustige Blätter*, v.31 n.23 (1916/6/5), p.16 (Wilhelm Anton Wellner).
14 *Kladderadatsch*, v.68 n.40 (1915/10/3): 623 (Arthur Johnson).
15 *Bystander*, in *Liverpool Echo*, 1915/9/29.
16 *Ulk*, v.44 n.49 (1915/12/3): 387 (August Hajduk).
17 *Simplicissimus*, v.21 n.3 (1916/4/18): 31 (Ragnvald Blix).

■第3章

1 *Le rire rouge*, n.75 (1916/4/22), p.1 (A Barrère).
2 *Lustige Blätter*, v.31 n.24 (1916/6/12), pp.10-11 (Petersen).
3 *Le petit journal*, v.27 n.1320 (1916/4/9): 461.
4 *Le petit journal*, v.27 n.1332 (1916/7/2): 557.
5 *Daily Graphic*, in *Liverpool Echo*, 1916/6/21 (Jack Walker).
6 *Le rire rouge*, n.96 (1916/9/16), p.1 (C. Léandre).
7 *Simplicissimus*, v.21 n.17 (1916/7/25): 213 (Olaf Gulbransson).
8 *Daily Mirror*, 1916/9/1 (W. K. Haselden).
9 *Lustige Blätter*, v.33 n.21 (1918/5/27), p.1.
10 *Lustige Blätter*, v.31 n.46 (1916/11/13), p.10 (Paul Simmel).
11 *Ulk*, v.45 n.36 (1916/9/8): 281 (August Hajduk).
12 *Lustige Blätter*, v.31 n.30 (1916/11/13), p.10 (Walter Trier).
13 *Simplicissimus*, v.21 n.43 (1917/1/23): 546 (Thomas Theodore Heine).
14 *Liverpool Echo*, 1916/12/6.

■第4章

1 L. Raemaekers, p.65 (Louis Raemaekers).
2 *Chicago Tribune*, in G. J. Hecht, p.75 (John T. McCutcheon).
3 *Simplicissimus*, v.22 n.24 (1917/9/11): 297 (Olaf Gulbransson).
4 *Lustige Blätter*, v.32 n.32 (1917/8/6), p.10 (Wilhelm Anton Wellner).
5 *Victoria Daily Times*, 1917/5/7.
6 *Le rire rouge*, n.114 (1917/1/20), p.1 (C. Léandre).
7 *Liverpool Echo*, 1916/4/1 (Robinson).
8 *Jugend*, v.22 n.39 (1917/9/23): 769 (Angelo Jank).
9 *Daily Mirror*, 1917/11/23 (W. K. Haselden).
10 *Punch*, v.153 (1917/7/25): 51 (L. Raven-Hill).
11 *Lustige Blätter*, v.32 n.48 (1917/11/26), p.10 (Walter Trier).
12 *Wahre Jacob*, v.34 n.819 (1917/12/4): 9395.

図版リスト

新聞・雑誌名、v（巻）、n（号）、発行年月日、頁番号（通巻・総頁は：、冊子頁は p. の後に記載）、作者名（　）とした。雑誌によって刊行以来の総号数、総頁を挙げている場合があり、それぞれの雑誌の慣行に従った。転載の場合には in の後に転載先の書誌情報（著者・編者名のみの場合は図版関係文献を参照されたし）を記した。

■序　章

1 *Kladderadatsch*, v.67 n.27 (1914/7/5): 443 (Arthur Johnson).
2 *Muskete*, v.18 n.459 (1914/7/16), p.1 (Fritz Schönpflug).
3 *Simplicissimus*, v.19 n.26 (1914/9/29): 374 (Olaf Gulbransson).
4 *Kladderadatsch*, v.67 n.32 (1914/8/9): 525 (Arthur Johnson).
5 *Muskete*, v.19 n.488 (1915/2/4), p.1 (Rudolf Herrmann).

■第１章

1 *Simplicissimus*, v.19 n.22 (1914/9/1): 341 (Olaf Gulbransson).
2 *Daily Mirror*, 1914/11/14 (W. K. Haselden).
3 *Punch*, v.147 (1914/8/12): 143 (F. H. Townsend).
4 *Kladderadatsch*, v.68 n.24 (1915/6/13): 371 (Arthur Johnson).
5 *Lustige Blätter*, v.29 n.33 (1914/8/19), p.3 (F. Jüttner).
6 *Le rire rouge*, n.5 (1914/12/19), p.1 (Ch. Léandre).
7 *Le mot*, v.1 n.3 (1914/12/19), p.6 (SEM).
8 *Jugend*, v.22 n.17 (1917/4/22): 321 (Karl Bauer).
9 *Punch*, v.147 (1914/10/21): 339 (Bernard Partridge).
10 *Jugend*, v.23 n.34 (1918/8/19): 644 (Hugo Vogel).
11 *Lustige Blätter*, v.29 n.35 (1914/9/2), p.16 (Walter Trier).
12 *Simplicissimus*, v.19 n.33 (1914/11/17): 439 (Wilhelm Schulz).
13 *Kladderadatsch*, v.67 n.51 (1914/12/20): 793 (Werner Hahmann).
14 *Westminster Gazette*, in *Tatler*, n.713 (1915/2/24): 244 (F. C. Gould).
15 *Wahre Jacob*, v.31 n.735 (1914/9/18): 8470.

■第２章

1 *Bystander* (1915/11/24), in B. Bairnsfather, p.11 (Bruce Bairnsfather).
2 *Bystander*, in B. Bairnsfather, p.18 (Bruce Bairnsfather).
3 *Huddersfield Daily Examiner*, 1915/1/20.
4 *Simplicissimus*, v.19 n.28 (1914/10/13): 390 (Olaf Gulbransson).
5 *Ulk*, v.44 n.11 (1915/3/12): 83 (Edmund Kuntze).
6 *Fliegende Blätter*, v.142 n.3644 (1915/5/28): 258 (August Roeseler).

Timothy S. Benson, *Over the Top: A Cartoon History of Australia at War* (London, 2015).

Mark Bryant, *World War I in Cartoons* (2006; London, 2011).

Eberhard Demm (ed.), *Der Erste Weltkrieg in der internationalen Karikatur* (Hanover, 1988).

Donald Dewey, *The Art of Ill Will: The Story of American Political Cartoons* (New York, 2007).

Roy Douglas, *The Great War: The Cartoonists' Vision* (London, 1995).

Lucinda Gosling, *A Better 'Ole: The Brilliant Bruce Bairnsfather and the First World War* (Charleston, SC., 1915).

George J. Hecht (comp. and ed.), *The War in Cartoons: A History of the War in 100 Cartoons by 27 of the Most Prominent American Cartoonists* (New York, [c1919]).

Bevis Hillier, *Cartoons and Caricatures* (London, 1970).

Wolfgang K. Hünig, *British and German Cartoons as Weapons in World War I: Invectives and Ideology of Political Cartoons, a Cognitive Linguistics Approach* (Frankfurt am Main, 2002).

Louis Raemaekers, *America in the War* (New York, 1918).

Karl Vocelka, *Karikaturen und Karikaturen zum Zeitalter Kaiser Franz Josephs* (Wien, 1986).

(London, 2012).
Sigmund Freud, *The Standard Edition of the Complete Psychological Works of Sigmund Freud*, James Strachey (ed.), vol. 16 (London, 1981).
Martin Gilbert, *The First World War: A Complete History* (New York, 1994).
N. F. Grant (ed.), *The Kaiser's Letters to the Tsar* (London, 1920).
John Horne (ed.), *A Companion to World War I* (2010; Oxford, 2012).
Michael Howard, *The First World War: A Very Short Introduction* (2002; Oxford, 2007). 邦訳、マイケル・ハワード（馬場優訳）『第一次世界大戦』（法政大学出版局、2014年）
Ernest Jones, *Sigmund Freud: Life and Work*, vol. 2, new ed. (London, 1958).
Karl Kautsky, et al (eds.), *Die deutschen Dokumente zum Kriegsausbruch* (4 vols., Berlin, 1919).
Ian Kershaw, *Hitler* (London, 1991). 邦訳、イアン・カーショー（石田勇治訳）『ヒトラー 権力の本質』新装版（白水社、2009年）
Colin Nicolson, *The Longman Companion to the First World War: Europe 1914-1918* (Harlow, 2001).
Lawrence Sondhaus, *World War I: The Global Revolution* (Cambridge, 2011).
David Stevenson, *1914-1918: The History of the First World War* (2004; London, 2012).
Hew Strachan, *The First World War* (2003, 2006; London, 2014).
Hew Strachan, *The First World War*, vol. 1, *To Arms* (Oxford, 2001).
Hew Strachan (ed.), *The Oxford Illustrated History of the First World War*, new ed. (Oxford, 2014).
A. J .P. Taylor, *The First World War: An Illustrated History* (1963; London, 1966). 邦訳、A・J・P・テイラー（倉田稔訳）『第一次世界大戦』（新評論、1980年）
Kaiser Wilhelm II, *Ereignisse und Gestalten aus den Jahren 1878-1918* (Leipzig, 1922).
William Appleman Williams, *The Tragedy of American Diplomacy*, new ed. (New York, 1972). 邦訳、ウィリアム・A・ウィリアムズ（高橋章、松田武、有賀貞訳）『アメリカ外交の悲劇』（御茶の水書房、1986年）
Jay Winter and The Editorial Committee of the International Research Centre of the Historial de la Grande Guerre (eds.), *The Cambridge History of the First World War* (3 vols., Cambridge, 2014).

■図版関係文献

吉見俊哉編『戦争の表象――東京大学情報学環所蔵 第一次世界大戦期プロパガンダ・ポスター コレクション』（東京大学出版会、2006年）
Amon Carter Museum of Western Art, *The Image of America in Caricature & Cartoon*, 2nd ed. (Fort Worth, 1976).
Bruce Bairnsfather, *The Bystander's Fragments from France* (London, 1916).

メアリー・ベス・ノートン、他（本田創造監修、上杉忍、大辻千恵子、中條献、戸田徹子訳）『アメリカの歴史 第4巻 アメリカ社会と第一次世界大戦』（三省堂、1996年）
平間洋一『第一次世界大戦と日本海軍――外交と軍事との連接』（慶應義塾大学出版会、1998年）
ジャン＝ジャック・ベッケール、ゲルト・クルマイヒ（剣持久木、西山暁義訳）『仏独共同通史 第一次世界大戦』上・下（岩波書店、2012年）
フォルカー・ベルクハーン（鍋谷郁太郎訳）『第一次世界大戦――1914-1918』（東海大学出版部、2014年）
細谷千博『シベリア出兵の史的研究』（岩波書店、2005年）
細谷千博編『日米関係通史』（東京大学出版会、1995年）
ブライアン・ボンド（川村康之訳、石津朋之解説）『イギリスと第一次世界大戦――歴史論争をめぐる考察』（芙蓉書房出版、2006年）
マーガレット・マクミラン（稲村美貴子訳）『ピースメイカーズ――1919年パリ講和会議の群像』上・下（芙蓉書房出版、2007年）
保田孝一『最後のロシア皇帝 ニコライ二世の日記 増補』（朝日新聞社、1990年）
山上正太郎『第一次世界大戦――忘れられた戦争』（社会思想社、1985年、講談社学術文庫、2010年）
山室信一、岡田暁生、小関隆、藤原辰史編『現代の起点 第一次世界大戦』全四巻（岩波書店、2014年）
義井博『カイザーの世界政策と第一次世界大戦』（清水書院、1984年）
吉本隆昭「第一次世界大戦におけるヒトラーの戦場体験」軍事史学会編『第一次世界大戦とその影響』（錦正社、2015年）
リデル・ハート（上村達雄訳）『第一次世界大戦』上・下（中央公論新社、2000年、2001年）

■外国語文献

Ian F. W. Beckett, *The Great War, 1914-1918*, 2nd ed. (Harlow, 2007).
Ian F. W. Beckett, *The Making of the First World War* (New Haven, 2012).
Herman Bernstein, *The Willy-Nicky Correspondence: Being the Secret and Intimate Telegrams Exchanged between the Kaiser and the Tsar* (New York, 1918).
Gordon Brook-Shepherd, *The Austrians: A Thousand-Year Odyssey* (New York, 1996).
Lamar Cecil, *Wilhelm II: Prince and Emperor, 1859-1900* (Chapel Hill, NC, 1989).
Lamar Cecil, *Wilhelm II: Emperor and Exile, 1900-1941* (Chapel Hill, NC, 1996).
Christopher M. Clark, *Kaiser Wilhelm II* (Harlow, 2000).
Christopher Clark, *The Sleepwalkers: How Europe Went to War in 1914*

主要参考文献

■日本語文献

有賀貞『国際関係史――16世紀から1945年まで』（東京大学出版会、2010年）
池田嘉郎編『第一次世界大戦と帝国の遺産』（山川出版社、2014年）
井上寿一『第一次世界大戦と日本』（講談社、2014年）
入江昭『二十世紀の戦争と平和』（東京大学出版会、1986年）
H・P・ウィルモット（五百旗頭眞、等松春夫監修、山崎正浩訳）『第一次世界大戦の歴史大図鑑』（創元社、2014年）
小野塚知二編『第一次世界大戦開戦原因の再検討――国際分業と民衆心理』（岩波書店、2014年）
片山杜秀『未完のファシズム――「持たざる国」日本の運命』（新潮社、2012年）
河合秀和『チャーチル――イギリス現代史を転換させた一人の政治家』増補版（中央公論社、1998年）
木村靖二『第一次世界大戦』（筑摩書房、2014年）
小関隆『徴兵制と良心的兵役拒否――イギリスの第一次世界大戦経験』（人文書院、2010年）
相良守峯訳『ニーベルンゲンの歌』改訳、後編（岩波書店、1975年）
ジェームズ・ジョル（池田清訳）『第一次世界大戦の起原』改訂新版、新装版（みすず書房、2007年）
スーザン・ストレンジ（西川潤、佐藤元彦訳）『国際政治経済学入門――国家と市場』（東洋経済新報社、1994年）
千葉功『旧外交の形成――日本外交一九〇〇～一九一九』（勁草書房、2008年）
エーリヒ・ツェルナー（リンツビヒラ裕美訳）『オーストリア史』（彩流社、2000年）
A・J・P・テイラー（倉田稔訳）『ハプスブルク帝国 1809～1918年』（筑摩書房、1987年）
フィリップ・トウル（河合利修訳）「イギリスと第一次世界大戦」軍事史学会編『第一次世界大戦とその影響』（錦正社、2015年）
中野耕太郎『戦争のるつぼ――第一次世界大戦とアメリカニズム』（人文書院、2013年）
奈良岡聰智『「八月の砲声」を聞いた日本人――第一次世界大戦と植村尚清「ドイツ幽閉記」』（千倉書房、2013年）
奈良岡聰智『対華二十一ヵ条要求とは何だったのか――第一次世界大戦と日中対立の原点』（名古屋大学出版会、2015年）
西川正雄『第一次世界大戦と社会主義者たち』（岩波書店、1989年）

	6月9日	ドイツ軍,「グナイゼナウ」攻勢（～14日）
	7月15日	ドイツ軍,「マルヌ・ランス」攻勢開始. 7月18日より連合国軍反撃（第2次マルヌの戦い）
	7月17日	ニコライ二世, 処刑
	8月8日	アミアンの戦い, 始まる（ルーデンドルフの言う「ドイツ陸軍暗黒の日」）
	9月26日	連合国軍, 西部戦線で総攻撃開始
	9月29日	ブルガリア, 休戦協定調印
	10月4日	ドイツ政府, ウィルソン大統領と休戦交渉開始
	10月30日	トルコ, 休戦協定調印
	11月3日	オーストリア, 休戦協定調印
	11月3日	ドイツ, キール軍港の水兵反乱. ドイツ革命勃発
	11月9日	ヴィルヘルム二世, 退位承諾. オランダに亡命（11月10日）. ドイツ, 共和国を宣言
	11月11日	ドイツ, 休戦協定調印
	11月12日	ドイツ系オーストリア共和国成立宣言
	11月14日	チェコスロヴァキア共和国成立宣言
	11月16日	ハンガリー共和国成立宣言
1919年	1月18日	パリ講和会議開始
	5月7日	ドイツへの講和条件の手交
	6月28日	ヴェルサイユ条約（連合国対ドイツ）調印
	9月10日	サン＝ジェルマン条約（連合国対オーストリア）調印
	11月27日	ヌイイ条約（連合国対ブルガリア）調印
1920年	3月19日	アメリカ議会上院, ヴェルサイユ条約批准否決（2度目）
	6月4日	トリアノン条約（連合国対ハンガリー）調印
	8月10日	セーヴル条約（連合国対トルコ）調印（未発効）
1921年	5月5日	連合国, ドイツに巨額の賠償金を通告
	8月25日	アメリカ, ドイツと平和条約調印
1923年	1月11日	フランス・ベルギー軍, ルール地方占領を開始
	7月24日	トルコ, 連合国とローザンヌ講和条約調印
	10月29日	トルコ, 共和国を宣言

	12月	ルーマニアの首都ブカレスト陥落（12月6日）．ルーマニア敗退
	12月6日	イギリス首相，アスキスからロイド＝ジョージに交代．グレイ外相辞任（12月10日）
	12月	フランス軍の実質指揮，ジョフルからニヴェルへ
1917年	2月1日	ドイツ，無制限潜水艦作戦再開
	3月8日	ロシア3月革命始まる．ニコライ二世退位（3月15日）
	4月6日	アメリカ，ドイツに宣戦布告．対オーストリア宣戦布告（12月7日）
	4月16日	ニヴェル攻勢（第2次エーヌの戦い，～5月9日）
	5月15日	フランス軍の指揮，ニヴェルからペタンへ
	6月29日	ギリシャ，連合国側に立って参戦
	7月13日	ドイツ，宰相ベートマン辞任
	7月31日	パッシェンデールの戦い（第3次イープルの戦い，～11月10日）
	10月24日	カポレットの戦い（第12次イゾンツォの戦い，～11月12日）
	11月6日	ロシア，11月革命でボリシェビキが政権奪取（～7日）
	11月16日	フランス首相にクレマンソー就任
	11月17日	エルサレムの戦い（～12月30日）
1918年	1月8日	アメリカのウィルソン大統領，「平和のための14ヵ条」発表
	3月3日	ロシア，ブレスト＝リトフスク講和条約調印
	3月21日	ドイツ軍，春季大攻勢（ルーデンドルフ攻勢，～7月18日）
	3月21日	ドイツ軍，「ミヒャエル」作戦・攻勢（カイザーの戦い，第2次ソンムの戦い，～4月5日）
	4月9日	ドイツ軍，「ゲオルゲッテ」作戦（リースの戦い，～29日）
	4月14日	連合国軍総司令官にフォッシュ就任
	5月7日	ルーマニア，中央同盟国と講和条約（ブカレスト条約）締結
	5月27日	ドイツ軍，「ブリュッヒャー・ヨルク」作戦（第3次エーヌの戦い，～6月6日）

	4月22日	イープルの戦い（第2次，～5月25日）．ドイツ軍，初の毒ガス使用（4月22日）
	4月25日	イギリス軍（含むアンザック軍），ガリポリ半島上陸
	4月26日	ロンドン条約（イタリア参戦の密約）締結
	5月7日	ルシタニア号事件
	5月9日	中国，日本の21ヵ条要求（1月18日提出）の最後通牒を受諾
	5月23日	イタリア，オーストリアに宣戦布告．対トルコ（8月21日），対ドイツ（1916年8月28日）宣戦布告
	6月23日	イゾンツォの戦い（第1次）
	8月21日	ニコライ大公，ロシア軍最高司令官から更迭．後にニコライ二世就任
	9月6日	ブルガリアがドイツ，オーストリアと秘密同盟条約締結
	10月5日	イギリス，フランス，サロニカに出兵開始
	10月6日	ドイツ・オーストリア軍，セルビア攻撃開始
	10月11日	ブルガリア軍，セルビアに侵攻
	11月	セルビア軍敗退．ギリシャへ逃避
	12月19日	イギリス大陸派遣軍司令長官，フレンチからヘイグへ交代
1916年	1月	イギリス軍，ガリポリ半島から撤退完了
	2月21日	ヴェルダンの戦い（～12月18日）
	5月31日	ユトランド沖海戦（～6月1日）
	6月4日	ブルシーロフ攻勢（～9月20日）
	7月1日	ソンムの戦い（～11月19日）．イギリス軍，初の戦車使用（9月15日）
	7月3日	日露同盟（第四次日露協約）締結
	8月27日	ルーマニア，オーストリアに宣戦布告．連合国側に立って参戦
	8月29日	ドイツ軍参謀総長，ファルケンハインからヒンデンブルクに交代．実質指揮はルーデンドルフ
	9月18日	中央同盟国軍，ルーマニアに反攻開始
	11月21日	オーストリア皇帝フランツ・ヨーゼフ一世死去．カール一世が後を継ぐ

第一次世界大戦関連略年表

1914年	6月28日	サライェヴォ事件
	7月28日	オーストリア，セルビアに宣戦布告
	7月30日	ロシア総動員令
	8月1日	ドイツ，ロシアに宣戦布告．ドイツ総動員令．フランス総動員令
	8月2日	ドイツ軍，ルクセンブルク侵攻
	8月3日	ドイツ，フランスに宣戦布告
	8月4日	イギリス，ドイツと交戦状態．ドイツ軍，ベルギー侵攻
	8月6日	オーストリア，ロシアに宣戦布告．セルビア，ドイツに宣戦布告
	8月	フランス（8月11日），イギリス（8月12日），オーストリアに宣戦布告
	8月23日	日本，ドイツに宣戦布告．
	8月26日	タンネンベルクの戦い（～30日）
	9月5日	マルヌの戦い（第1次，～12日）
	9月14日	ドイツ軍の指揮，モルトケからファルケンハインに
	10月10日	ドイツ軍，アントワープ占領
	10月19日	イープルの戦い（第1次，～11月22日）
	10月29日	トルコ艦隊，ロシアの黒海沿岸都市を攻撃
	10月31日	青島の戦い（～11月7日）．青島陥落（11月7日）
	11月1日	コロネル沖海戦
	11月	ロシア（11月1日），イギリス，フランス（11月5日），トルコに宣戦布告
	12月8日	フォークランド沖海戦
	12月22日	サリカミシュの戦い（～1915年1月17日）
1915年	3月18日	連合国海軍（主力イギリス），ダーダネルス海峡攻撃に失敗

飯倉 章（いいくら・あきら）

1956年，茨城県古河市生まれ．79年，慶應義塾大学経済学部卒業．92年，国際大学大学院国際関係学研究科修士課程修了（国際関係学修士）．2010年，学術博士（聖学院大学）．国民金融公庫職員，国際大学日米関係研究所リサーチ・アシスタントを経て，現在，城西国際大学国際人文学部教授．

著書『イエロー・ペリルの神話——帝国日本と「黄禍」の逆説』（彩流社，2004年）
『日露戦争諷刺画大全』上・下巻（芙蓉書房出版，2010年）
『黄禍論と日本人——欧米は何を嘲笑し、恐れたのか』（中公新書，2013年）
『1918年最強ドイツ軍はなぜ敗れたのか——ドイツ・システムの強さと脆さ』（文春新書，2017年）
訳書『1848年革命——ヨーロッパ・ナショナリズムの幕開け』（ルイス・B・ネイミア著，都築忠七と共訳，平凡社，1998年）
『アメリカは忘れない——記憶のなかのパールハーバー』（エミリー・S・ローゼンバーグ著，法政大学出版局，2007年）

第一次世界大戦史
中公新書 *2368*

2016年3月25日初版
2022年6月30日4版

著 者 飯倉 章
発行者 松田陽三

本文印刷 三晃印刷
カバー印刷 大熊整美堂
製 本 小泉製本

発行所 中央公論新社
〒100-8152
東京都千代田区大手町1-7-1
電話 販売 03-5299-1730
編集 03-5299-1830
URL https://www.chuko.co.jp/

Published by CHUOKORON-SHINSHA，INC.
Printed in Japan ISBN978-4-12-102368-1 C1222